温州"三江六岸"拥江发展

规划研究

温州设计集团课题组 编著

浙江工商大学 出版社
ZHEJIANG GONGSHANG UNIVERSITY PRESS
·杭州·

图书在版编目(CIP)数据

温州"三江六岸"拥江发展规划研究 / 温州设计集
团课题组编著. — 杭州 ：浙江工商大学出版社，2024.3
ISBN 978-7-5178-5725-9

Ⅰ. ①温… Ⅱ. ①温… Ⅲ. ①城市规划—研究—温州
Ⅳ. ①TU984.255.3

中国国家版本馆CIP数据核字(2023)第179097号

温州"三江六岸"拥江发展规划研究
WENZHOU "SANJIANG-LIUAN" YONGJIANG FAZHAN GUIHUA YANJIU
温州设计集团课题组 编著

策划编辑	姚 媛
责任编辑	姚 媛
责任校对	都青青
封面设计	蔡思婕
责任印制	包建辉
出版发行	浙江工商大学出版社
	（杭州市教工路198号　邮政编码310012）
	（E-mail：zjgsupress@163.com）
	（网址：http://www.zjgsupress.com）
	电话：0571-88904980，88831806（传真）
排　　版	杭州彩地电脑图文有限公司
印　　刷	杭州宏雅印刷有限公司
开　　本	880 mm×1230 mm　1/32
印　　张	3.375
字　　数	70千
版印次	2024年3月第1版　2024年3月第1次印刷
书　　号	ISBN 978-7-5178-5725-9
定　　价	32.00元
审图号	GS浙（2024）83号

温州设计集团课题组成员

童宗煌　谢继昌　郑晓东　贺卫东

李一曼　尤朝晖　池晓新　黄傅强

（温州设计集团牵头，以其下属单位温州市城市规划设计研究院为主体组建了课题组，承担课题任务并形成本研究成果）

P 前 言
PREFACE ＞ ＞ ＞ ＞ ＞ ＞

　　改革开放见证了温州的沧桑巨变，昔日的小城已悄然演变为一座现代化大城市。如今的温州，正处在一个新的发展阶段，也面临着"成长的烦恼""转型的阵痛"和"蜕变的艰辛"。站在新的历史阶段，立足新的时代条件，温州需要继续闯出一片新的天地，演绎新的传奇。2022 年，温州市第十三次党代会明确了"千年商港　幸福温州"的城市发展定位，因此城市发展需要聚焦"三江六岸"开展更加综合、更为系统的战略研究和路径分析。

　　每一个人心中都有一座理想的城市。城市是一个生命有机体，也是一个开放的复杂的巨大系统。如今，城市发展比任何一个时期都复杂。在非专业人士看来，城市发展可能是一种朴素的城市理想意向。而对于城市规划师而言，城市发展具有复杂性和综合性，需要从城乡规划学视角，以科学的精神和广阔的视野寻找城市发展的内在规律和逻辑。参与本次课题的成员都是温州本土专家，他们一直坚持对温州的城市规划和发展进行研究与思考。2021 年底，在各方的支持和帮助下，我们基于对温州的热爱和对专业的执着，第一时间组建课题组，启动了咨询课题"温州'三江六岸'拥江发展规划研究"。在本书的写作过程中，我们相互交流、碰撞思想火花，对温州城进行解读和思考，因此最后形成的课题成果框架结构和分析逻辑十分清晰。由于时间所限，我们也感到深度上的不足，相关内容还有待进一步充实。本书中，我们聚焦温州"三江六岸"拥江发展空间格局，就温州城的发展逻辑和城乡的统筹规划进行了更为系统的思考和研究。完整性、系统性、逻辑性、战略性、实践性是本课题成果的内在价值，也是本书出版的意义所在。

"温州好，别是一乾坤！"温州是一座承载着光荣和梦想的城市，温州也是一座承载着厚望和使命的城市。温州，不仅是本土意义上的温州，也是中国的温州、世界的温州。最后，我们想要表达对温州的美好祝愿，这也是进行本次课题研究的初衷：祝愿温州的故事越来越精彩，温州的明天越来越美好！

2023 年 2 月于温州

C 目 录
ONTENTS > > > > >

温州「三江六岸」拥江发展规划研究

第一章 绪 论

城市与河流的关系，是一个城市在发展过程中绕不开的重要话题。许多城市因河流而诞生，而河流也因城市而闻名。自古以来，城市的产生和发展与河流有着密切的关系，城市与河流是相互依存的。

一、城市和都市区的基本概念

我们要研究的主题是温州的城市化问题。要研究这个问题首先要区分城市和都市区的概念，也就是温州中心城市（以下称"温州城"）和温州都市区的概念。

（一）城市的概念

研究城市我们不可回避"建制市"这个概念。我国的建制市是行政区划概念，与严格意义上的城市并不完全一致。"温州市"在一定程度上不是指城市，而是指温州市域，是广域市的概念。我国建制市的行政级别包括直辖市、副省级市、地级市、县级市四个层次。地级市往往代管县级市，大部分的地级市是"市中有市"。当然，我们又往往把市辖区作为城市区域，然而，其真正的城市边界只是中心城区区域。

本书中的城市概念，显然不是指"建制市"的概念，而是指"中心城区"，所对应便的"温州城"。为什么说"中心城区"才是真正的城市？这需要进一步阐述什么是"城市的本质"。城市作为人类聚集的一种形式，相对乡村而言，其本质特征为"聚集"，城市不仅是人口聚居、建筑密集的区域，也是生产、消费、交换的集中地。城市集聚效益是城市不断发展的根本动力，也是与乡村的本质区别。城市是一个意味着"集聚、密度和紧凑"并相对独立而完整的有机体，具有"布局集中、功能集成、人口集聚"的本质特征。

（二）都市区和都市圈的概念

1.都市区

国内对城市群集现象的称呼比较混乱，有许多不同的叫法，如都市区、都市连绵区、城市群、城市带、大都会区等。1910年，美国首先定义了都市区的概念，"都市区"一词来源于英文"Metropolitan Area"，也译为"大都市区"。都市区并不是指一个城市。都市区与城市是两个完全不同的概念，都市区是一个城市群的概念，是指以一个或多个城市为中心，与其周边的城市、城镇形成既紧密联系又分工协作的城镇群。

"温州都市区"最早在2003年版温州第三轮城市总体规划，即《温州市城市总体规划（2003—2020年）》中正式提出，温州都市区以温瑞平原城镇化为核心，包括中心城市、乐清、瑞安、洞头、永嘉等城镇密集地区，当时的范围指北部的"四区一县两市"（原为"三区两县两市"）。后来省级相关规划和《温州市城市总体规划（2003—2020 年）（2017 年修订）》又纳入了南部的"两县一市"（原为"两县"）。在《温州市国土空间总体规划（2021—2035 年）》中，温州都市区空间结构为"一主一副"，北部"一主"为都市区主中心，未来作为"温州城"的中心城区。温州都市区未来似乎将演化为两个城市，而当前显然还只是一个城市（镇）群。

2. 都市圈

都市圈与都市区又是两个不同的概念。"都市圈"这一术语最早来源于日本，目前国际上比较认可的"都市圈"概念，是指以一个或多个中心城市为核心，以发达的联系通道为依托，由核心城市及外围社会经济联系密切的地区所构成的城市功能地域。关于都市圈与其他尺度城市区域概念的辨析，学界基本达成的共识包括以下几点：

①都市区、都市圈、城市群、都市连绵区是大城市区域化发展到不同阶段出现的城镇空间组合形式。

②都市圈是都市区发展的高级阶段，其地域空间范围大于都市区。在中国城市管治背景下的都市区空间范围，一般界定在中心城市行政管辖的地域范围内，而都市圈是跨市域的地域空间组织。

③都市圈是城市群形成发育的前期阶段，是由城市群中核心城市及外围城镇形成的紧密联系区，可看作是城市群中的次区域。

④都市圈是都市连绵区的基本单元，而都市连绵区是若干个都市圈的有机整合体。

都市圈是城市地域空间形态演化的高级形式，也是城镇化进程中大城市区域化发展到一定阶段所出现的空间现象。随着经济全球化的推进及信息社会的建立,都市圈已经成为一种在世界范围内具有普遍意义的城镇群体空间组合类型,也是一个国家和地区介入全球竞争的基本单元。

国家发展改革委发布《关于培育发展现代化都市圈的指导意见》后,中国新型城镇化研究院与北京清华同衡规划设计研究院共同发布《2018中国城市圈的发展研究报告》(简称《报告》),提出包括宁波都市圈、厦门都市圈、福州都市圈、南昌都市圈在内的34个都市圈,但没有包括温州都市圈、潮汕都市圈。这一定程度上说明了温州、汕头城市能级的不足,对周边地区影响力不够,因而没能得到国家层面更多的关注。

在这里,我们不妨提出"温州1小时都市圈"的概念。既然温州要建设区域中心城市,从规划的角度,我们就需要以100千米为半径,即大约高速公路1小时的车程距离,或者说以1小时通勤圈来界定"温州1小时都市圈"。也就是说,温州都市圈的概念是指以温州城为中心,以1小时通勤圈,约100千米的半径为基本范围的有机联系的城镇群。按照这样的概念,"温州1小时都市圈"范围北至台州市(南部)、西至丽水市(东部)、南至福鼎市。因此,从区域空间协同发展视角,台州不应被纳入宁波都市圈,台州、丽水都应该被纳入"温州1小时都市圈"。由温州都市区和台州都市区组成的"温台沿海城镇群"是人口较为密集的区域,也是"温州1小时都市圈"的主体区域,应加强区域统筹(见图1)。

温州1小时通勤范围（都市圈）

图1 温州都市区、"温州1小时都市圈"示意图

（三）温州城和都市区的概念

在温州，大家对温州都市区的概念与温州城的概念经常是模糊的、混淆的。我们在进行城市研究、城市建设和城市决策时，必须对温州都市区和温州城进行界定，明晰两个概念所对应的空间范围，才能更好地构建现代治理体系和治理能力，才能建设好这个城市。

二、"一轴一带一区"和"三江六岸"拥江发展

温州市第十三次党代会提出，聚焦"一轴一带一区"布局，沿江发展轴要集聚打造以滨江商务区和瓯江两岸沿线为重点的瓯江新城，支持乐清、瑞安等建设温州北部新区、温州南部新区，促进飞云江、鳌江流域拥江集聚发展。

（一）解读"一轴一带一区"

温州市第十三次党代会提出了都市振兴、产业振兴、乡村振兴、文化振兴等四大振兴。关于都市振兴，有如下描述：大力实施向东向南、拥江面海发展战略，加快都市区主中心一体化，构建"一轴一带一区"城市发展新格局，以世界眼光、国际标准规划建设瓯江新城，实现城市能级和中心城区首位度"双提升"。

那么，如何充分发挥温州的自然资源优势，建设具有瓯越山水特色的拥江滨海花园城市，优化都市区空间格局，从而在市域整体上形成"一轴一带一区"的国土空间总体格局？在这里，我们先对"一轴一带一区"与"温州城""温州都市区""温州市域"3个层次的空间对应关系进行解读。

"一轴"，即沿江发展轴，要集聚打造以滨江商务区和瓯江两岸沿线为重点的瓯江新城，支持乐清、瑞安等建设温州北部新区、温州南部新区，促进飞云江、鳌江流域拥江集聚发展。这是"温州城"集聚发展的核心区域。

"一带"，即沿海产业带，要以乐瓯洞一体化、温瑞平原一体化、龙平苍一体化为纽带，打造高质量发展重要引擎。由此，形成整体协调发展的"温州都市区"。

"一区"，即生态发展区，要以文成、泰顺为重点，串联市域西部和北部山区，打造浙江大花园生态明珠和生态产业集聚区。"一轴一带一区"就是整个城乡融合发展"温州市域"。

因此，"一轴一带一区"的城市发展格局，涵盖了"温州城""温州都市区""温州市域"3个层次的空间格局和发展要求。

（二）"三江六岸"拥江发展是必然选择

城市与河流共荣共生，有其内在的发展逻辑。城市发展往往沿江河开始，然而，由于水路交通的弱化和河流沿岸被工业用地占用，城市逐渐背离水岸发展，而现代城市又回到水岸，并实现从跨江到拥江发展。

没有一个地级市像温州一样，有 3 条自流入海的大江，这是温州最大的自然环境特征之一（见图 2）。可以说，是瓯江、飞云江、鳌江"三江"孕育了"温州城""瑞安城""龙鳌城"。

瓯江是"温州城"的母亲河，全长 380 千米，温州市境内河流长度为 70.07 千米，是"温州城"的经济发展重要轴带[①]。

图 2　温州市域内瓯江、飞云江、鳌江三大流域分布图

[①] 本部分关于瓯江、飞云江、鳌江的数据来自《温州市第一次地理国情普查公报》，温州市自然资源和规划局，2020 年 7 月 7 日。

飞云江是"瑞安城"的母亲河，河流长度为195千米，其中，温州市境内河流长度为153.59千米，是"瑞安城"的经济发展重要轴带。

鳌江是"龙港＋鳌江"组合构成的"龙鳌城"的母亲河，河流长度为82千米，是平阳、苍南、龙港的经济发展重要轴带。

然而，由于行政区划的分割、城市规划的忽视，温州城市的发展一定程度上曾偏离了沿江发展。随着因河流而产生的交通分隔问题的逐步解决，城市拥江发展已悄然具备基础条件，顺应城市发展趋势，而河流空间的内聚性、视线的开放性、景观的标志性的价值越来越凸显。因此，"三江六岸"拥江发展已是必然选择。

第二章 认知温州——城市发展基本情况及面临的困境

温州，有着 5000 多年的人文积淀，孕育了传统精神的智慧与灵性，城市的山水具有一种磅礴大气的雍容之美。温州全市共辖 4 个市辖区、5 个县，代管 3 个县级市。截至 2022 年底，温州市陆域面积 12102.65 平方千米，海域面积 8649 平方千米。

一、区位视角

跳出温州看温州，"温州城"不仅是温州市域的"温州城"，也应是浙南三市还包括闽北乃至更大区域的"温州城"；温州既是长三角城市群中的"温州城"，也是粤闽浙沿海城市群中的"温州城"。温州被誉为太平洋西岸最适宜人类居住的区域之一，中国开放的大门只会越开越大，温州人遍布世界各地，温州不仅是中国的温州，也是世界的温州。

（一）在长三角和粤闽浙沿海城市群中的温州

温州被列入长三角中心区 27 个城市之一，与上海的空间距离约 460 千米，与杭州的空间距离约 304 千米，是长三角的南大门。温州虽然与上海、杭州的经济联系较为紧密，但是，由于温州离以上海为中心的大都市圈核心区域距离还是太远，由上海、杭州向温州进行产业转移的相对较少，温州反而受到上海、杭州的虹吸影响较大。

之所以提出"粤闽浙沿海城市群"的概念，是因为我国从长三角到珠三角的东南沿海约 1500 千米（自测）海岸线，是太平洋西岸的"阳光带"，知识型产业精英"孔雀东南飞"依然是趋势。在这条黄金海岸线上，基本上每间隔 300 千米就分布着一个区域中心城市，其中温州、福州、厦门、汕头等是我国东南沿海最重要的节点城市。以这 4 个城市为中心，分别构建"1 小时都市圈"，可以清晰地划分出 4 个"次区域城镇群"（见图 3、表 1）。可见，从粤闽浙沿海城市群的区位视角更能清晰地看出温州的区域地位优势。温州是粤闽浙沿海城市群中当之无愧的北翼中心城市。"粤闽浙沿海城市群"概念的提出，使浙南地区和潮汕地区的区位价值更为明显。

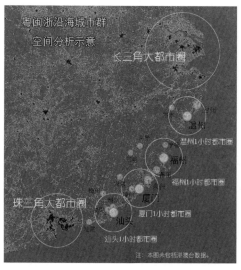

图 3 　"温州城"区位分析示意图

表 1　温州、福州、厦门、汕头"1 小时都市圈"综合比较一览表

名称	温州 1 小时都市圈	福州 1 小时都市圈	厦门 1 小时都市圈	汕头 1 小时都市圈
涉及地级城市个数／个	3（温州、台州、丽水）	3（福州、莆田、宁德）	4（厦门、泉州、漳州、龙岩）	4（汕头、潮州、揭阳、梅州）
涉及县（市、区）个数／个	26	28	30	25
区域常住人口／万人	1770.44	1534.77	1964.11	1940.63
中心城市市域 2021 年生产总值／亿元	7585.02	11324.84	7033.89	2929.87
中心城市市域 2021 年人均生产总值／万元	7.89	13.66	13.62	5.33
最高学府（综合性大学）	温州大学	福州大学	厦门大学	汕头大学

注：涉及县（市、区）个数按照离中心城市 1 小时的时空距离能涵盖到的县级行政区计，相应区域常住人口为第七次全国人口普查数据。

（二）浙江省域中的温州——"第三极"

浙江省第十五次党代会报告明确指出，支持温州提升"全省第三极"功能。温州于 20 世纪末异军突起，与杭州、宁波组成"铁三角"；进入 21 世纪以来，温州与杭州、宁波差距拉大，2000 年时，温州生产总值分别是杭州生产总值的近 60%，宁波生产总值的 72%，但到了 2021 年，已下降到 40% 出头和 52%。此外，绍兴、嘉兴步步紧逼，与温州的经济总量等指标相差无几，温州要坐稳"全省第三极"的位置，压力确实不小。浙江省要在高质量发展中奋力推进中国特色社会主义共同富裕先行和省域现代化先行，必须解决区域发展不平衡的问题。因此，支持温州提升"全省第三极"功能，说明浙江省委对温州的期待和厚望，这也是温州的责任和使命所在。温州依然具备建设"东南沿海区域中心城市"的基础，浙江省支持温州提升"全省第三极"功能，就是要帮助温州完成产业转型，以实现经济蝶变，最终带动浙南地区发展。虽然台州、丽水两市分别以"台州城""丽水城"作为其市域的中心城市，但城市之间的辐射又是一种重叠、交叉和争夺的关系。相对而言，"温州城"是浙南地区的首位城市，只有"温州城"发展了，才能更好地承担区域中心城市的角色，并通过区域之间的协作，更好地带动整个浙南地区的区域协同发展（见图4）。

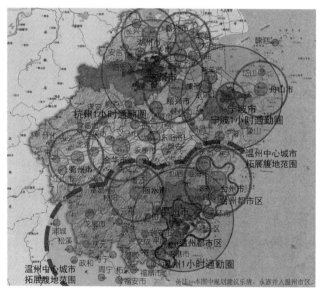

图4 "温州城""全省第三极"地位分析示意图

（三）受到周边强中心城市虹吸和挤压的温州

在杭州、宁波、福州、南昌等4个城市之间的大城市空白地带中，温州是最大的城市。从区位上看，温州需要承担这一区域的中心城市职能。目前，受到上海、杭州等城市的虹吸作用影响，温州人口，特别是市区人口在一定程度上呈现出"净流出"的现象。人口集聚力减弱有多方面的原因，温州毕竟处在低一层次的城市能级，一定数量的人口向更高级别的城市流动是正常的城市化发展过程，这也与温州产业发展的状况密切相关。"温州城"所辐射的有形腹地，相当一部分同时受到杭州、宁波、福州、南昌等4个大城市的交叉辐射。近几年，温州在有形腹地的争夺中，更是受到杭州、宁波、福州、南昌等周边大城市的挤压（见图5）。除了医疗卫生之外，温州其他方面的区域影响力还十分有限。腹地是城市发展、人口集聚和首位度提升的基础。一个城市要更好地发展，需要通过提升其首位度以争夺对腹地的辐射力和集聚力。有人说，相比这些周边的副省级城市和省会城市，作为普通的地级市，温州只能是这样的发展状况。苏州、无锡、泉州等城市也都只是地级市，但这些城市在发展经济方面要强于温州。因此，地级市不能作为温州在区域竞争中落后的理由。面对区域与城市经济的激烈竞争，面对上海、杭州的虹吸和周边大城市的腹地挤压，温州没有退路。温州需要寻找比较优势，发挥自身独特的优势，扬长避短，错位发展，寻找正确的方向并为之努力。

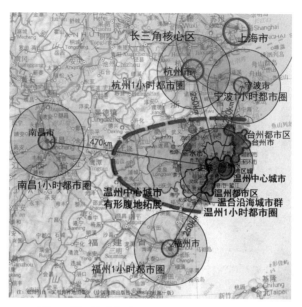

图5 "温州城"有形腹地争夺分析示意图

二、空间视角

任何事物都具有两面性。山水分割的地理特征，一方面，制约了城市集中成片发展；另一方面，也成为城市发展的自然基础，奠定城市发展的山水格局。

（一）"散装"而依然集聚不足的城市空间形态

1.城市空间形态分散且半城市化现象依然突出

"温州城"和"温州都市区"的城市空间形态都依然存在碎片化、扁平化、同质化、半城市化等"四化"现象，这也是与温州山水分割的地理特征以及温州的产业结构相关联的。由于组团之间比较分散，整体集聚力不强，很多片区的城市化质量相比先进城市还有较大差距（见图6）。温州中心城区未来的规划范围虽然很大，但连片高质量集聚发展的城区范围还比较小。范围大而不强没有实际意义，"散装"而不集聚的城市空间形态是"温州城"能级不高的主要原因。

图6 温州市域城镇空间形态分散现象示意图

2.城市建设存在"天女散花"现象

城市规划混淆了"温州城"和"温州都市区"的概念，导致城市战线拉得过大，以前的城市发展方向是"东拓西优、南联北接"，实际上是"四面开花"。到底是"一江两岸"拥江发展，还是"环大罗山"发展？一段时期内温州一直没有一个发展重点。温州的经济实力毕竟有限，有限的资源更需要合理配置，需要"集中精力办大事"，因此，明确先实现"一江两岸"拥江发展是十分必要的。

过去国家政策鼓励城市快速发展的时候，温州没有把拉开城市框架作为城市发展的阶段性重点，之后，温州在一定程度上过于强调拉开城市框架。可以说，经过前几年的努力，温州现在的城市框架已经拉开了，城市建设不再是"螺蛳壳里做道场"。但是，也因此形成了过多的建设主体，城市建设犹如"天女散花"，而城市能级又支撑不了这么大的城市开发区块，没能做到"建设一片，成熟一片"。

3. 城市功能培育不充分

由政府为主推动的"自上而下"的城市化和由市场为主推动的"自下而上"的城市化之间缺乏很好的衔接；中心城区周边的众多城镇建设质量不高，没有真正融入中心城区一体化发展，因此中心城区还没有真正做大。过去温州一度土地投放量太少，近几年，温州"旧改"力度前所未有，土地投放量加大了，出让地块除了住宅开发以及商业配套之外，其他功能开发因为受市场需求影响较大，城市功能培育滞后。城市开发和功能培育存在"两张皮"现象，这也是城市能级没有得到很大提升的原因之一。

（二）山水格局和城市风貌特色彰显还不够

近年来，随着"两线三片""大建大美"行动计划的持续推进，温州城市形象发生了精彩蜕变。历史文化街区风貌恢复、滨江商务区建设、瓯江两岸亮化夜游工程等项目的实施，使城市环境品质有了很大的改善，但是城市辨识度不高的体验感还没有得到根本改变。

独特的山水格局应该成为"温州城"的金名片，然而，温州还没有很好地把握城市发展与自然环境的关系，温州独特的山水资源优势还没有充分地融入城市结构形态之中。山水格局与城市组团要有清晰的边界，城市生态绿地系统要与自然山水格局相互融合，并成为城市风貌展示的重要载体。各城市组团缺乏总体风貌的控制和引导，高层建筑布点分散，城市建筑高度控制无序。瓯江沿江地区建设依然缺乏有效的总体规划控制与设计导引，更需要突出其在城市景观风貌上的主导作用。瓯江南岸旧城段界面建筑密度过高、天际线缺乏变化，新城段界面仍处于起步阶段，尚未形成连续界面，中央商务区（Central Business District，CBD）还没有形成城市的标志性建筑区。瓯江北岸旧城段界面未形成高低起伏的韵律感，新城段界面缺乏亮点及标志物。

三、经济视角

2021 年温州市实现生产总值 7585.02 亿元，总量排名居全国第 30 位；财政总收入突破千亿元大关，达到 1082 亿元。温州经济总体上有着一定的基础，近几年，更是着力创新驱动、新兴产业培育，转型发展处在"爬坡过坎"的关键时期。

（一）民营经济是温州最大的特色

温州是改革开放的先行区，也是民营经济的发祥地，民营经济是温州最大的特色。全国民营经济的比重是"56789"，在温州的分量则是"99999"，即民营企业数量占温州企业数量的 99.5%，民营经济对生产总值的贡献率超过 90%，工业增加值占91.5%，从业人员占92.9%，税收收入占90%。温州块状经济发达，形成了电气、鞋业、服装、汽车零部件、泵阀五大支柱产业。拥有鹿城皮鞋、乐清断路器、瑞安汽摩配等7个区域名牌称号，多个产业集群获得由国家有关部门确认的"金名片"，拥有"中国鞋都"、中国纺织服装品牌中心城市、中国眼镜生产基地等43个国家级特色工业基地，制造业基础扎实。

（二）"温州人经济"是内外"两个经济"

如今，有近70万温州人在世界131个国家和地区发展，温州企业在海外拥有牢固的销售和投资网络，依托350多个同乡会，能够及时掌握各行业最新信息。如：有38万温州人在共建"一带一路"国家和地区经商创业，积累了资本，融合了文化，有较为完善的营销网络和信息网络，以及丰厚的乡情资源；有175万温州人在全国各地创业，有268个城市建立了温州商会；全国由温商控股的上市企业超60家，数量是温州本土上市企业的2倍多。温州区别于其他城市，"在外温州人经济"与"本土温州人经济"基本上相当，在经济上可以说再造了"一个温州"。因此，需要把"在外温州人经济"转化为"本土温州人经济"。

（三）温州正处在经济转型发展的关键期

温州经济转型发展的问题较早出现，由于路径依赖，对经济转型缺乏前瞻性研判并采取对应的举措，经济出现"脱实向虚"现象，温州市的生产总值在2006年、2007年分别被泉州市、福州市超过，到2011年，温州民间出现了金融风波。2011 年，温州生产总值为 3350.87 亿元，泉州生产总值为 4270.89 亿元，福州生产总值为 3734.78 亿元，温州的经济总量开始被泉州、福州拉开差距；2021 年，温州生产总值为 7585.02 亿元，泉州生产总值为 11304.17 亿元，福州生产总值为 11324.84 亿元，差距在进一步扩大（见表 2）。

表 2　温州与有关城市不同年份生产总值比较一览表

年份 / 年	生产总值 / 亿元					
	温州	福州	泉州	常州	徐州	无锡
2006	1834.38	1656.94	1900.76	1560.00	1428.91	3300.59
2011	3350.87	3734.78	4270.89	3580.4	3551.65	6880.15
2021	7585.02	11324.84	11304.17	8807.58	8117.44	14003.24

温州在 2011 年金融风波之后，开启了艰难的经济转型发展之路。经过近十年的探索，温州经济企稳向好，并逐步进入转型发展过渡期，可以说，温州正处在新旧动能转换转型发展的关键时期。当前，战略性新兴产业和高成长性服务业发展还相对滞后，重大制造业项目投资支撑力度不够，新动能亟待培育壮大。温州科技投入力度总体还不强。根据浙江省 2020 年科技创新数据，2020 年研究与试验发展（Research and Experimental Development，R&D）经费支出占生产总值比重为 2.3%，比全省平均值低 0.58 个百分点。科创资源集聚不够，2020 年全省高新技术企业创新能力百强中温州仅有 2 家（杭州 37 家、宁波 26 家）。2018 年 2 月 1 日，国务院批复同意宁波、温州 2 个高新技术产业开发区建设国家自主创新示范区，温州以打造新时代民营经济创新创业新高地为目标，提

19

出了构建"一区一廊一会一室"创新格局，深入实施创新驱动发展战略，加速形成以企业为主体、产学研深度融合的创新体系。近几年，温州以城市东部为主要空间载体，在产业发展方面做了很多的谋划和努力，花大力气培育战略性新兴产业，有了一定的成效，但经济转型发展依然处在"爬坡过坎"的关键阶段，新兴产业还没能真正成为产业发展的另一只"翅膀"。

四、社会视角

根据第七次全国人口普查，截至 2020 年 11 月 1 日零时，温州市常住人口为 957.29 万人。2021 年末，全市常住人口为 964.5 万人，与 2020 年末常住人口 958.7 万人相比，增加 5.8 万人。在温州 2021 年末的常住人口中，城镇人口为 701.8 万人，农村人口为 262.7 万人，城镇人口占总人口的比重（即城镇化率）为 72.8%。2021 年，温州连续第三年获评"中国最具幸福感城市"。

（一）"温州城"的人口规模和城市首位度评价

据第七次全国人口普查数据，温州市区[①]常住人口 300.43 万人。对于城市人口规模的统计，一直都没有一个统一的口径，但这并不妨碍我们对"温州城"的城市人口规模进行分析判断。"温州城"现有的城市人口如只计算市辖区部分，按照主城区（江南部分）203.68 万人、永强北片（包括永中街道、海滨街道、永兴街道、瑶溪街道）33.21 万人、瓯江口新

---

① 此处"温州市区"是指鹿城区、龙湾区、瓯海区、洞头区、瓯江口产业集聚区、浙南产业集聚区。

区 4.18 万人 3 个部分计算常住人口，为 241.07 万人。如再加上永强南片 24.93 万人、洞头区（不包括鹿西乡和灵昆街道）10.26 万人，则为 276.26 万人。再加上已经基本同城的瓯北片（不包括乌牛街道）28.17 万人的话，为 304.43 万人。由于永强南片、瓯江口新区、洞头区离主城的空间距离太远，这些片区的城市化质量不高，虽然属于市区，但在一定程度上与主城区一起算作一个城市的中心城区还比较牵强。综合以上分析判断，"温州城"从城市人口规模看，基本上还只是一个人口约为 250 万人的 II 类大城市。而后又有媒体发布各个城市的第七次全国人口普查城区人口，"温州城"为 238.18 万人，处在全国第 42 位。因此，上述就温州城市人口规模为 250 万人的 II 类大城市的分析基本是合理的。

首位度，在一定程度上代表了城镇体系中的城市发展要素在最大城市的集中程度［为了计算简化和易于理解，M. 杰斐逊（M. Jefferson）提出了"两城市指数"，即首位城市与第二位城市的人口规模之比］。首位度是城市隼聚力和辐射力的体现。从城市功能层面看，首位度就是指城市的综合承载和资源配置能力。首位度高，人口和经济活动集聚愈加明显，对空间的利用效率高，经济密度和产出大，创新活动密集。"温州城"的城市首位度，限定在"温州 1 小时都市圈"范围来评价较为科学合理。如果将"台州城"的城区人口按 150 万人计，那么"温州城"的首位度为 1.67；如按照第七次全国人口普查数据计算，"台州城"的城区人口 133.84 万人，"温州城"的首位度为 1.78，数据基本相近（按照一般正常指数超过 2）。

可见，"温州城"的城市首位度并不高。

（二）温州人口流动情况分析

根据《浙江省第七次人口普查系列分析之七：流动人口》，2020 年，浙江外流的人口达 236.22 万人。人口的外流原因非常集中，80% 以上是工作就业、学习培训、随同离开或投亲靠友。2020 年，温州一市就有 72.45 万人常住省外，由于过去交通不发达，加上相对恶劣的自然环境，离家出去寻找生路的人较多，造就了如今温商遍天下的格局，独占全省 3 成。2010 年，常住外省的温州人有 96.10 万人。也就是说，十年来，常住外省的温州人减少了 23.65 万人。随着商业形态的变化，尤其是电商的崛起，原先温州人到全国各地做销售、代理等模式也发生转换。另外，经过二三十年的发展，原先最早出去的一批温商年事已高，有不少人选择回到家乡。而更年轻的这批温州人，通过电商等途径经商，他们更多的是选择留在杭州而不是回到温州。

2020 年第七次全国人口普查与 2010 年第六次全国人口普查相比，温州全市人口总体上增加 45.08 万人，温州市域人口虽然微增，但除去自然增长外均为净流出；而近两年，由于政策的支持和经济发展的企稳回升，温州市域人口出现微增，机械增长已发生可喜的变化。鹿城、龙湾、瓯海三区的常住人口，2020 年第七次全国人口普查与 2010 年第六次全国人口普查相比，分别减少了 12.61 万人、0.27 万人、3.36 万人。各县市流出的人口大多直接流向杭州等地，而流入温州市区的相对有限。市区代表着一座城市的发展高度与竞争力，市区人口的下降，严重影响了温州人口整体增量。因此，温州需要研究如何增强城市吸引力，不仅要吸引市域人口的相对集聚，还要吸引更大范围的人口集聚，这将是温州城市发展的一个重要课题。

（三）基本公共服务体系的现实基础

城市化的核心是人的城市化，社会各项事业的发展是推进人的城市化的基本要求。"十三五"以来，温州高度重视社会发展，切实保障和改善民生，积极推进基本公共服务均等化，全市人民获得感、幸福感、安全感显著提升。同时，也依然存在许多不足，如基本公共服务均等化水平不高，优质公共服务总量供给不足、空间分布不均衡。养老、教育、托幼、医疗、住房等民生领域仍然存在弱项，看病难看病贵、读书难读书贵、养老难养老贵等问题突出，部分领域社会焦虑现象比较明显，社会发展和民生改善离全市人民对美好生活的向往还存在不少差距。

综上，温州经过改革开放四十多年的发展，已经奠定了加快建设"东南沿海区域中心城市"的基础，有着自身的特点和优势，但也存在一定的短板。温州处于城市转型、经济转型、社会转型发展的关键点，需要按照"一轴一带一区"城市发展格局，进一步对温州中心城市和温州都市区发展的方向性、长远性、结构性以及策略性问题做进一步的深入思考。这也正是我们开展"三江六岸"拥江发展规划研究的目的和意义所在。

第三章 温州"三江六岸"拥江发展的集聚逻辑

城市的发展，本质上是空间、人口、产业的集聚。以瓯江为轴，构建"一江两岸"拥江发展的"温州城"，是"城""产""人"集聚发展的客观要求。下面，我们将从"城""产""人"3个方面，展开"三江六岸"拥江发展的集聚逻辑分析。

一、空间集聚

（一）拥江发展的功能结构理论基础

城市空间是一个跨学科的问题，城市地理学的城市空间结构理论注重城市内部用地结构与城市体系空间。早在20世纪50年代以前，国外学者就注重城市内部空间结构研究了。

同心圆理论（Concentric Zone Theory）是由社会学家E. W. 伯吉斯（E. W. Burgess）于1923年提出的。他以芝加哥为例，试图创立一个城市发展和土地使用空间组织方式的模型，并提供了一个图示描述。根据他的理论，城市可以划分成 5 个同心圆的区域。在同心圆理论的基础上，H. 霍伊特（H. Hoyt）于 1939 年提出扇形理论（Sector Theory），C. D. 哈里斯（C. D. Harris）和 E. L. 乌尔曼（E. L. Ullman）于 1945 年提出多核心理论（Multiple-nuclei Theory）。（见图 7）20 世纪 50 年代以后，则侧重城市外部形态与城市体系空间机制研究，如 W. 克里斯泰勒（W. Christaller）的中心地学说、R. E. 迪肯森（R. E. Dickinson）的"三地带"、J. R. 费里德曼（J. R. Friedmann）的"核心—边缘理论"等，这些理论对城市空间发展优化，以及跨江城市空间发展建设都具有重要的指导作用。

城市跨江发展是城市在发展过程中为满足自身发展需求而进行的一种特殊空间扩张形式。城市空间结构是城市社会经济发展的空间形式，表现了城市各种物质要素在空间范围内的分布和组合。跨江河发展成为许多城市解决城市用地问题、调整城市空间结构的重要举措。

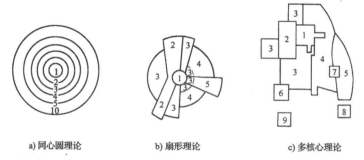

a) 同心圆理论   b) 扇形理论   c) 多核心理论

1—中央商务区；2—批发和轻工业区；3—低收入者居住区；4—中产阶级居住区；5—高收入者居住区；6—重工业区；7—外围商务区；8—郊区居住区；9—郊区工业区；10—通勤带

图 7　同心圆理论、扇形理论和多核心理论图示

（二）以瓯江为轴的"温州城"空间集聚

"温州城"因山水阻隔，不可能是圈层式集聚发展的城市布局。然而，从城市集聚发展的本质要求出发，综合比较水面"开放、内聚"和山体"封闭、阻隔"的不同特征，瓯江相比大罗山，更具有与城市融为一体的自然优势，这也是"温州城"优先拥江发展的重要原因之一。

1. 从热力图分析"温州城"拥江空间拓展的合理性

从热力图上的亮度我们可以看到人口分布和活动的密度，也看到了主城区、永强片区、柳白片区之间存在大片亮度不足的区域，温州建设包括滨江商务区和瓯江沿线的瓯江新城，并包括温州北部新区这一拥江发展拼图（乐清市已经启动滨江新区建设），正是对这一亮度不足区域的填补。可以看出，瓯江新城的提出，强调了"一轴"的布局要求，是从战略高度重新审视"一江两岸"拥江发展，具有重大意义，是政府"自上而下"推动温州中心城市空间重构的主导行为，其目的是提升城市功能，引导城市科学发展。正是因为这种空间重构以瓯江为轴，所以通过瓯江新城的发展，拥江面海将形成主城地区和温州湾地区两个城区，瓯江作为城市发展轴又把两个城区连为一个整体（见图8）。而主城区向南的拓展空间仅有丽岙的东部地段（这里目前还是永久性耕地），发展空间十分有限。经济技术开发区（简称"经开区"）、乐成、塘下等城市组团的拓展空间分别是向东、向东南、向东，这些相对独立性的城市组团也需要一定规模的拓展空间，但是，相比柳白片区，这些拓展空间离温州主城区太远，对未来的中心城区集聚发展的贡献度不高。

a) "温州城"城市拓展方向选择分析

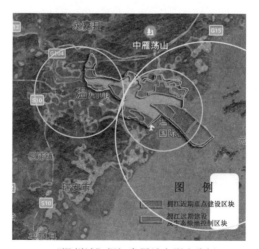

b) "温州城"拥江发展城市形态分析

图 8　从热力图分析"温州城"拥江发展的合理性示意图

2. 主城区——"现在之城"

主城区是"温州城"的"现在之城"。温州有着约 1700
年的建城历史，一直以来是浙南闽北的区域中心，因此温州要继续发挥核心龙头作用，强化其商业中心、金融中心、科教中心、文化中心、政治中心和交通中心的中心性功能。至今，我们讲到温州城区，一般都指主城区，这里四面环山，瓯江在偏北部通过，形成"一核六片"7个组团的空间结构，其江南部分呈核心城区"一核"向四周指状发展。主城区可供城市发展的平原面积约240平方千米，随着城市的快速发展，已经基本没有可供城市新开发的土地，通过近几年"大建大美""三线两片"城市实施策略，城市品质得到了极大的改善（见图9）。主城区城市中心区目前主要在江南部分，城市中心从古城沿江向东发展，正重点建设滨江商务区。随着行政文化中心与三垟湿地规划建设的进展，垂直于瓯江的城市绿轴的两侧地段已经基本建设完成。此外，江北的瓯北、三江口以及江中的七都岛西端也逐步融入城市中心区的建设。瓯北片面积较小，其城市公共中心部分也相对较小，只是主城地区南岸部分城市中心功能的补充。这样，主城区的城市中心区整体形成了"T"字形的布局结构。随着城市框架的扩开和周边城市组团的发展，温州老城区却呈现出城市功能衰退的迹象，也出现了产业空心化的趋势，因此，要强化老城区商业中心、文化中心、科教中心、金融中心等中心性功能，继续加强历史文化名城保护，彰显城市特色，通过多元化的城市更新策略，吸引年轻人群回归，恢复老城区人气和城市活力。另外，在核心城区与三溪组团相接地段，由于瓯海行政文化中心与高铁温州南站的建设，已逐步形成了主城区的城市副中心。

图9 主城区空间结构分析图

3. 湾区城——"未来之城"

实际上，仅仅主城区还承载不了区域中心城市的职能，温州湾地区才是"未来之城"。虽然永强片区和瓯江口新区已成为城市拓展的组团，洞头县也已撤县改区，而温州湾地区要进一步提升其城市功能，就必须纳入瓯江口北岸片区，产生整合效益，形成一个完整的东部城区"湾区城"，并积极培育科创中心、交通中心、工业中心、商贸中心、物流中心、休憩中心等中心职能（见图10）。温州湾地区规划上可以分为2个圈层，外圈层即整体的城区范围，包括龙湾的永强片区、洞头区和乐清市南部地区（包括乐成），平原面积约480平方千米。与瓯江口隔江相望的永强北组团、柳白组团和瓯江口组团，以灵昆岛为"绿芯"，整合形成瓯江口地区内圈层"湾区城核心区"，或先称为"湾区新城"，建设用地规模控制在 200 平方千米以内。三大片区的城市中心相互之间规划上需要加强交通的连接、功能的互补，可围绕灵昆岛"绿芯"整合形成一个侧"Y"字结构的组合型的东部城市中心区。"湾区城"规划布局上分为十大组团，形成"一主三副"的簇聚格局，"湾区城核心区"整合产生的集聚力，使经开组团、洞头组团、乐盐组团三大组团向"海湾城核心区"聚拢。"湾区城"按照"弹性空间、有机生长"的发展思路推进规划实施，以体现其在各种发展条件下的适应性。在这里，利用湾区独特的山水格局，顺应数字时代和海洋时代发展趋势，改变传统的城市布局和空间形态，既有能体现创新精神并有着良好城市交流空间的核心城区，为年轻人提供交换信息、观点、情感的平台，又有体现多元化选择需求的特色小镇、特色街区，具有空间的多样性。

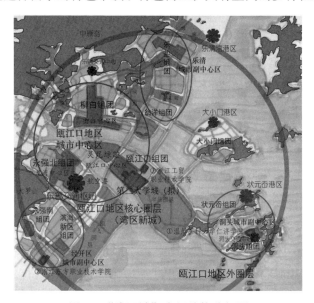

图 10 "湾区城"空间结构分析图

4. 先行构建"一轴双城"的主体城区

为了避免组团型城市集聚力容易偏弱的问题，因地制宜、因势利导地进行城市空间布局，以瓯江为轴，整合形成主城地区和瓯江口地区的"双城"结构，是温州中心城市的最佳选择和首要选择。以"瓯江为轴""七都为支点"形成"双城"结构，主城和湾区城核心区将形成一个"哑铃状"整体性强、约450平方千米的整体城区（即中心城区主体部分），这是在温州的自然地理环境限制条件下最有可能形成连片发展并能体现集聚特征的主体城区。瓯江是一个雄伟壮阔的文化符号，由于"一轴"的连接，形成了"一江两岸、一轴双城，由西向东、走向湾区"的空间格局，"温州城"从"瓯江时代"走向"湾区时代"，"双城"融合为"一城"，中心城区整体上与水面交相辉映，展现出"温州城"大气、秀气、灵气的山水格局和空间形态。温州现有的城市中心区沿瓯江发展，由于瓯江的边界限制，表现为单边半圆圈层发展，只有城市中心区首先跨江形成"一江两岸"整合发展，才是"同心圆模式"在滨江两岸的完整呈现，瓯江成为城市公共生活"主轴"，城市的中心功能更加完整。这样的"温州城"，正是中心城市"双提升"的空间基础（见图11）。

图 11 "温州城" 拥江发展空间结构分析图

（三）以"飞云江"为轴的"瑞安城"空间集聚

1. 从热力图分析"瑞安城"拥江空间拓展的合理性

"瑞安城"是城市功能相对比较完善的中小城市。从热力图上看，"瑞安城"的城市拓展空间一个方向是沿江向东，另一个方向是跨江向南。瑞安沿江向东和跨江向南都已经开始布局，设立了滨海新区、经开区、江南新区 3 个功能区（见图12）。塘下镇总体上还是一个相对独立的小城市。从热力图上看，塘下镇的城镇拓展空间方向也是向东，已经设立东新产业基地（瑞安高新区）。

2. 走向"一江两岸"的"瑞安城"

飞云江"一江两岸"都属于瑞安市，瑞安市作为一个县级市，城市化发展总体不错。"瑞安城"是温州市域的副中心城市，目前城市主要向东发展，其江南主要还是产业用地。随着瑞安动车站等大型基础设施在江南的形成和过江大桥的增加，以飞云江为轴，跨江发展已成为必然趋势。目前，在安阳组团（江北部分），瑞安外滩已经成为城市的一个标志性空间，瑞安外滩正在进一步加快打造巾子山城市客厅、城西沿江综合体、南滨江青春创享中心等三大拥江发展新地标，提升都市品质吸引力。"瑞安城"一直坚持拥江发展，飞云组团落地"温州南翼城市会客厅"瑞安生态科学城和南滨江景观带一期地块城市综合体等重大项目，这些项目将为拥江发展带来引领性的作用。同时，"瑞安城"与塘下镇的一体化发展也是必然要求，飞云江流域内部城镇群总体上表现为"一主一副＋飞云江中游城镇"，即"1＋1＋X"的体系（见图13）。

a) "瑞安城"城市拓展方向选择分析

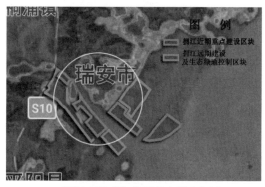

b) "瑞安城"拥江发展城市形态分析

图 12 从热力图分析"瑞安城"拥江发展的合理性示意图

图 13 "瑞安城"及周边城镇空间结构分析图

(四)以"鳌江"为轴的"龙鳌城"空间集聚

1. 从热力图分析"龙鳌城"拥江空间拓展的合理性

从热力图上看,龙港、鳌江是鳌江流域最亮的 2 个点。龙港、鳌江都选择了沿江向东的发展方向,龙港市和鳌江镇如果弥补了行政区划的分割因素,江南、江北从空间上完全可以组合形成一个"拥江面海"的中等城市(见图 14)。昆阳镇与鳌江镇距离较近,一体化发展将愈加明显,而其新的拓展空间主要还是在现有城区的北面。热力图上的灵溪亮度不弱,也充分说明灵溪镇近几年的建设成效,下一步其城镇空间拓展方向依然是向东。

2. 拥江联动发展,形成组合型的"龙鳌城"

鳌江两岸的龙港市、鳌江镇分别是江南和江北的经济中心,本应按一个城市进行规划,但是由于行政区划的分割,彼此缺乏规划的整合和协调。近几年,从相向发展到携手整合、弥合分割，鳌江两岸都意识到只有实现空间整合才能达到双赢。两岸需要进一步强化拥江联动，以实现"1＋1＞2"的效应。平阳县城昆阳镇和苍南县城灵溪镇都是相对独立的小城市，鳌江流域城镇群总体是"一主两副＋鳌江中下游城镇"，即"1＋2＋X"的城镇体系（见图15）。

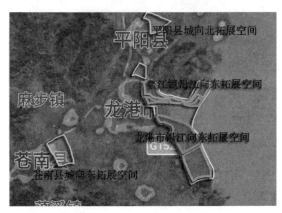

a)"龙鳌城"城市拓展方向选择分析

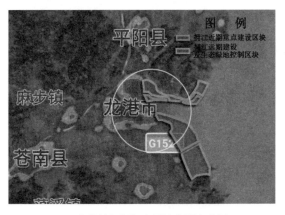

b)"龙鳌城"拥江发展城市形态分析

图14 从热力图分析"龙鳌城"拥江发展的合理性示意图

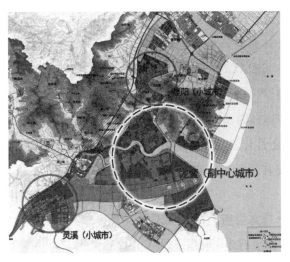

图 15 "龙鳌城"及周边城镇空间结构分析图

二、产业集聚

区域中心城市的中心性功能，包括区域的产业聚集中心、商贸物流中心、金融服务中心、交通信息中心、科教文化中心等，提升首位度也正是通过强化这些中心性功能来更好地组织区域经济活动。产业是城市发展的基础，区域中心城市首要的中心性功能是区域的产业聚集中心。现代产业体系包括现代农业、现代工业和现代服务业等，本书重点从城市化视角就现代工业、现代服务业的发展展开分析。

（一）进一步完善现代产业体系

现代产业体系是一个国家或一个城市经济发展水平和综合实力的重要标志。现代产业体系具有创新性、知识性、开放性、融合性、集聚性、可持续性等特征。一方面，温州总体上已经形成初步的现代产业体系，为未来发展奠定了良好的基础；另一方面，温州产业发展需要进一步把握自身的特点和优势，引导产业集聚发展，加快完善现代产业体系。

温州 2014 年就提出了"510"产业培育提升工程，"5"为五大传统支柱产业，"10"为培育发展的十大新兴产业；2019 年进一步概括为"5＋5＋N"产业培育计划，在五大传统支柱产业基础上，把数字经济、智能装备制造、医疗健康、新能源网联汽车、新材料确立为五大新兴战略性产业加以重点培育，N 是指若干个县域重点产业。根据《温州市制造业高质量发展"十四五"规划》，"十四五"时期，温州制造业将立足发展基础，聚焦"5＋5"产业链，实施"制造业发展双轮驱动"战略，重塑五大特色优势制造业、培育五大战略性新兴产业，同步加快发展五大区域性特色产业、做强五大现代制造服务业，打造万亿级规模产业强引擎，蓄积温州制造业高质量发展新优势。温州市第十三次党代会更是提出"打造传统支柱产业、新兴主导产业两大万亿级产业集群"，"构建数字经济引领带动、传统产业重塑再造、新兴产业主导支撑的现代产业体系"。建立现代产业体系，既是一项长期的战略任务，又是一项紧迫的现实工作。"一轴一带一区"，一定程度上是与现代服务业、现代工业和现代农业相对应的空间格局，是构建现代产业体系的空间方向与载体。

（二）立足传统产业的基础作用

传统产业是温州发展的基础，温州以电气、鞋业、服装、汽车零部件、泵阀等五大传统优势产业为基底，将在国内具有较高市场占有率的塑包、眼镜、锁具等轻工产业，以及在温州国民经济中占比较高的建筑业一并纳入，构建传统支柱产业。以设备小型化、元件智能化、系统网络化为主攻方向，加快形成绿色化、智能化、数字化提升模式，构建以乐清为重点，浙南产业集聚区协同推进的产业发展格局，将智能电气产业打造成世界级产业集群。进一步引导鞋革、服装产业向产业链上游发展，通过品牌意识和产品设计，积极引导向"微笑曲线"两端延伸。推进"中国鞋都"向"世界鞋都"跨越，构建以鹿城为重点，龙湾、瓯海、瑞安、永嘉协同推进的产业发展格局，建成国际鞋业的时尚设计中心、智能制造中心和展览贸易中心。以时尚化、个性化、精品化为主攻方向，加快形成"制造业＋服务业""品牌＋合伙人"等新型商业提升模式，统筹推进服装产业批量化生产与个性化定制，构建以瓯海为重点，龙湾、瑞安、永嘉、平阳协同推进的产业发展格局，争创中国时尚服饰中心城市。打造国内外知名的汽车零部件产业基地。建设全国重要系统流程装备创新设计和制造基地。

（三）实现战略性新兴产业的跨越式发展

需要加快培育发展新兴支柱产业，以适应工业化中后期阶段产业升级的总体趋势。以"数字经济、智能装备、生命健康、新能源、新材料"五大战略性新兴产业为重点，加快培育现代化产业集群。

第四次工业革命浪潮来袭，数字经济成为战略新高地。数字经济是继农业经济、工业经济之后的主要经济形态。随着云计算、大数据、人工智能等新一代信息技术的不断突破和广泛应用，数字经济正成为全球经济增长的新动能。温州应强化基金支持，积极争取国家、省数字经济政府投资基金，建立数字经济产业投资基金。特别是在温州成功入选全国数字经济发展百强城市、国家信息消费示范城市和全国5G试点城市后，更应重点发展物联网、数字安防、网络通信，做强软件信息产业，前瞻性布局智能计算、区块链等新兴产业，加快传统产业产品和制造流程数字化升级，并推进大唐网络5G全球创新长三角中心、中国长城（温州）自主创新基地、天心天思数字经济产业中心等一批重点数字产业项目尽快建成投用，加速正泰（乐清）物联网传感器产业园招商和企业入驻，以浙江云谷磐石云数据中心建成投用为契机吸引更多互联网公司落地温州。

建成投用瓯江口机器人产业园等一批重大项目建设布局，前瞻性布局智能装备新领域，加快形成智能装备产业集群，打造有重要影响力的智能装备产业制造中心和创新中心。纵深推进瓯江实验室、中国眼谷、中国基因药谷、欣乐加生物科技产业园等一批重大项目建设布局，加快形成生命健康产业集群，打造浙南闽东赣东生命健康产业高地。打造浙南地区具有重要影响力的新能源产业基地，打造国内具有较大影响力的新材料特色产业基地。新兴产业培育与传统产业转型升级也有相互促进的作用，比如，温州部分传统制造业企业在电气、汽车零部件、化纤等传统领域衍生出了物联网传感器、新能源汽车、新材料等新兴产业。同时，激光与光电也有了较大的发展，迎来了新一轮快速发展周期。温州新兴产业的培育已有了一个良好的开端，下一步需要紧紧抓住新一轮制造业"腾笼换鸟、凤凰涅槃"的契机，加快推进国家先进制造业集群建设。

（四）发挥海洋经济和湾区经济的独特优势

在瓯江口产业集聚区基础上，成功获批国家海洋经济发展示范区。浙江温州海洋经济发展示范区（温州综合保税区）范围为洞头区行政区全域，总面积254平方千米，肩负探索民营经济参与海洋经济发展新模式和开展海岛生态文明建设的示范任务。瓯江口新区要建设成为温州中心城市的标杆城区，成为城市发展的增长极、产业转型升级的主阵地、湾区经济发展的排头兵，因此要重点发展安全（应急）、智能装备、保税物流、城市会展、数字经济等新兴智创产业。洞头的发展要立足海岛实际，按照"旅游岛"的定位，与"湾区城核心区"及其他城市组团错位发展，深度谋划文旅产业发展。

开放性、创新性、宜居性和国际化是湾区经济最重要的特征，湾区经济可以说是滨海经济、港口经济、都市经济与网络经济高度融合的一种独特经济形态，是海岸贸易、都市商圈与湾区地理形态聚合而成的一种特有的经济格局。国外许多城市凭借有利的各种海湾资源条件，实现了城市的科学、合理发展，达到整合城市资源、提升城市发展水平的目的，打造出很多国际名城。因此，需要从战略高度谋划"湾区城"，把温州湾地区的"未来之城"作为打造"数字丝绸之路战略节点城市"的核心地区。

（五）大力发展现代服务业

围绕打造高质量发展建设共同富裕示范区市域样板的战略目标，进一步优化服务业供给结构，加快推动生产性服务业向专业化和高端化发展、生活性服务业向精细化和高品质提升，着力推进服务业数字化、网络化、智能化转型，推动温州服务与温州制造相融相长、耦合共生，加快形成服务经济发展新动能，助推温州经济发展质量变革、效率变革、动力变革，进一步巩固温州市在东南沿海服务业发展中的优势地位，增强温州在长三角一体化和粤闽浙沿海城市群建设新格局中的综合竞争力。加快打造一批现代服务业创新发展区，充分发挥商务楼宇的集聚和辐射带动作用，全面打造具有国内影响力的总部基地。全力打造现代商贸业、现代物流业、现代金融业三大重点服务业，培育壮大科技服务业、信息服务业、商务会展业、创意设计业、数字贸易业等五大新兴服务业，发展文化旅游业、健康服务业两大幸福产业。推动服务业与制造业双向融合，加快服务业产业链内部融合，促进服务业与农业融合发展。

三、人口集聚

（一）温州中心城市、都市区、市域人口增长总体目标

人口是城市发展的基础，营造城市活力需要"人气"。根据 2020 年 9 月发布的《温州市人民政府关于打造千万级常住人口城市的若干意见》，到 2025 年，全市常住人口达到 1000 万人，户籍人口 880 万人，从业人员 580 万人；市区人口达到 450 万人，人口城镇化率达到 72%；年轻人口比例持续上升，制造业从业人员占比达到 50%；全市人才资源总量达到 220 万人，主要劳动年龄人口受过高等教育比例达到 25%，高技能人才占技能劳动者比例达到 30%，人才国际化水平提升。《温州市国土空间总体规划（2021—2035 年）》对于人口增长目标和分布也进行了预测。但是，由于发展过程中受各种因素的影响，人口增长和集聚具有不确定性。然而，人口集聚是城市

和区域发展的必然目标，面对这种增长的不确定性，我们不妨分中心城区、都市区、市域 3 个层次确定人口增长的"低线"和"高线"：温州中心城区，500 万—600 万人（这里的中心城区先按照瓯江"一江两岸"拥江发展构思方案计算，暂不包括"环大罗山"南翼的"瑞安城"人口，若包括"瑞安城"人口，总人口将在 650 万—750 万人）；温州都市区，750 万—900 万人；温州市域，1000 万—1200 万人。以上的人口增长总体目标，"底线"一定程度上应该是发展的最低要求，而"高线"应该是温州 2025—2035 年期间要努力达到的人口集聚目标。人口集聚与空间发展、产业发展有着很大的关系，因此要结合空间、产业确立相应的人口增长目标和人口分布，并通过政策引导实现人口集聚。面对愈演愈烈的"抢人大战"，温州必须发挥自身优势，通过增强城市竞争力和吸引力来实现人口集聚。

（二）"温州城""瑞安城""龙鳌城"规划人口基本目标[①]

一定空间内的人口增长才是集聚，一定空间内一定规模的城市人口增长，对于提升城市首位度才有意义。"温州城""瑞安城""龙鳌城" 3 个城市（或城市组团）中，"温州城"的率先发展及其相应人口的率先集聚，是"三江六岸"拥江发展的客观要求。

1. 500 万人口特大城市是"温州城"应该可以达到的人口规模

温州要建设区域中心城市，500 万人以上人口的特大城市

---

① 本部分数据来自温州市 2020 年第七次全国人口普查。

是必要的人口规模。也就是说，与以瓯江为轴的"温州城"空间集聚相对应，"一轴双城"的"温州城"应该增至 500 万—600 万人的人口规模。将永嘉县瓯北、黄田、三江等 3 个街道纳入主城，主城城市人口在江南部分 203.68 万人的基础上增加了瓯北片（不包括乌牛街道）的 28.17 万人，达到 231.85 万人。但是，相比第六次全国人口普查人口（据不完全统计，第六次全国人口普查人口为 254.93 万人），第七次全国人口普查，温州主城的人数还是略有减少，因此，需要采取相应的政策措施促进人口回流，使人口增加到 250 万—300 万人，这是最合理的人口规模。乐清南部（包括乐成）的加入，对"湾区城"的真正形成具有举足轻重的作用。永强北组团与瓯江口新区常住人口仅 37.39 万人，本身又是 2 个组团，因此，对于提高"温州城"首位度的作用十分有限，而柳白组团（包括乌牛街道）人口达 68.29 万人，未来这 3 个组团整合成"湾区城核心区"（常住人口 105.68 万人），可见，柳白组团（包括乌牛街道）的加入，对于提升"温州城"首位度的作用非其他城市组团可比，意义重大。"湾区城核心区"在常住人口的基础上，加上"海湾城"外围的三大组团，即永强南组团 24.93 万人、洞头组团（包括大门镇）10.26 万人、乐盐组团 28.79 万人，常住人口达到 169.66 万人，为东部城区"湾区城"未来达到 250 万—300 万人口奠定了坚实的基础。

第七次全国人口普查时，温州市区四区常住人口仅有 300.43 万人，按照"一江两岸"的方案加入永嘉、乐清后，四区一县一市常住人口达到 532.69 万人，增加了 232.26 万人。"主城＋湾区城"的常住人口达到 401.51 万人［其中，"主城＋湾区城核心区"所形成的"一江两岸"中心城区（主体部分）常住人口将增加到337.53万人]，比加入永嘉、乐清前增加了125.25万人，为提升城市首位度提供了人口基础。东西"双城"规划人口如均有250万—300万人，中心城区"一江两岸，一轴双城"就成为一个500万—600万人口的特大城市（其中，中心城区主体部分420万—500万人），这也正是"一江两岸"拥江发展的意义所在（见表3）。

表3　"温州城""提升城市首位度，建设500万特大城市"人口增长最低目标一览表

片区（组团）名称			常住人口／万人	最低目标人口／万人	备注
主城	江南部分		203.68		
	瓯北部分		28.17		
	主城总人口		231.85	250.00	至少增加18.15万人
湾区城	湾区城核心区	永强北组团	33.21		
		瓯江口组团	4.18		
		柳白组团	68.29		包括乌牛街道4.84万人
		湾区城核心区总人口	105.68	170.00	至少增加64.32万人
	永强南组团		24.93		
	洞头组团		10.26		加上了大门镇人口1.58万人
	乐盐组团		28.79		
	湾区城总人口		169.66	250.00	至少增加80.34万人
"主城＋湾区城核心区"总人口			337.53	420.00	
城市（主城＋湾区城）总人口			401.51	500.00	至少增加98.49万人

注：以温州市第七次全国人口普查人口数据为依据，对中心城区各片区、组团划分情况进行分析，形成各片区、组团常住人口数据。

2."瑞安城"要成为 100 万人口的中等城市（或城市组团）

"瑞安城"与"温州城"空间距离 25 千米，虽然已经被纳入都市区主中心规划，但是，从城市功能的角度，依然需要作为一个相对独立的城市（或城市组团）进行谋划，从"一江两岸"拥江发展的角度，更需要体现其独立性。江北组团城市常住人口可加上安阳、玉海、锦湖、东山、上望、莘塍等 6 个街道的人口，为 53.30 万人，江南组团城市常住人口可加上飞云、南滨 2 个街道的人口，为 11.90 万人。"瑞安城"城市常住人口为 65.20 万人，以这样的常住人口作为基础，"瑞安城"的发展目标应锁定为 80 万—100 万人口的中等城市。

3."龙鳌城"要成为 100 万人口的组合型中等城市

鳌江"一江两岸"分别是龙港市和平阳县鳌江镇，2020 年龙港市常住人口 46.47 万人，鳌江镇常住人口 23.34 万人，合计 69.81 万人。有了这样的常住人口基础，"龙鳌城"的发展目标应锁定为 80 万—100 万人口的中等城市。

（三）如何在"抢人大战"中胜出——实现人口集聚的路径

位于上海、杭州"大树底下"的温州，能不能长草？面对周边的上海、杭州等强中心城市的人口虹吸效应，我们如何创造"净流入"，减少"净流出"？温州如何扬长避短？这是"温州城"需要直面的问题。

1. 深耕"别具韵味的宜居城市"

对于一个城市的定位，每个阶段都有变化，只有"宜居"是唯一不变的主题。温州山清水秀，气候温和，被誉为太平洋西岸最适宜于人类居住的区域之一，有着建设宜居城市的山水格局，因此要把"一个别具韵味的东南沿海宜居城市"作为城市发展目标。新时代，人们将以生活方式、审美趣味选择居住空间，从"择业而城"转向"择城而业"。城市化"上半场"的路径是"产—人—城"，先要企业，要税收，因为有企业自然就有人了，有了人就需要建城市。城市化"下半场"的路径变为"城—人—产"，要高净值，要人才，要"以城引人，以人兴业"，这是新经济时代的城市创新发展逻辑。大城市时代的"抢人大战"愈演愈烈，温州要靠环境禀赋彰显城市特色，以不可多得的自然环境建设年轻人的向往之城，通过提升城市的宜居性实现"抢人突围"。

滨水而居，历来就是人类的理想居住图景，现代滨水区更是高端人士和年轻人的选择。要按照"城市定制"的概念，构建世界级的城市滨水区，提升城市辨识度，吸引高端人才集聚，吸引温商回归。主城地区，要塑造"城在山水中，山水在城中"的山水城市形象；温州湾地区，要通过"江、海、岛、山、田、林"与城市组团形成良好的空间关系和风貌意象，对用于城市开发的滨水地区需要用"大创意"塑造湾区城市空间特色，使其真正成为城市发展的触媒。瓯江两岸要逐步形成最长最美的慢行道，从瓯江一桥开始一直到洞头本岛，每侧超过60千米，两岸共同形成具有世界美誉度的城市慢行道，成为城市休闲旅游的好去处。温州主城地区"一江两岸"的格局已初步形成，滨水城市特色得到初步彰显。温州湾具有得天独厚的自然空间环境，有着建设宜居城市无可比拟的天然优势，展现了"海上温州、美丽湾区"的城市形象。

良好的居住环境是宜居城市的基础。七都岛、海湾城核心区、洞头组团等城市拓展地区，仍然保持房价较低的优势，这些地区要深入谋划"城市定制"，通过建设儿童友好型、青春友好型、运动友好型、国际友好型的高品质城市社区，吸引年轻人，吸引各类智造创新人才，形成高净值人才的集聚，这也是把"湾区城市"确立为城市发展战略重点的意义所在。社区应做到宜居、宜业、宜游、宜学、宜养，社区生活不仅会产生居住问题，还会产生各种需求，如就业和日常游憩的需求，以及终身学习和应对老龄化、少子化的需求。城市要通过良好的居住环境留住本土人才、企业家，吸引温商回归，具体措施有：尊重普通人的利益，城市的宜居性更多是由低收入群体的满足程度决定的，要给低收入人群创造更多生存和发展的机会；进一步提升房地产市场的调控能力，引导房地产业健康发展，满足多样化的居住需求，并为年轻人和"新温州人"提供适合他们的总价低而又环境优美的住房。

教育、医疗等公共配套设施是居住环境的重要内容，温州的医疗卫生发展水平是较高的，但温州的优质教育资源很不平衡，必须加大资源配置的力度，加快建设一批高水平办学的中小学、幼儿园，提升教育的国际化水平。要分别按照以5分钟、10分钟、15分钟为半径构建生活圈的要求完善公共生活配套设施。开展"未来社区"建设，聚焦人本化、生态化、数字化三维价值坐标，打造有归属感、舒适感和未来感的新型城市功能单元。

宜居城市必然也是宜游城市，温州通过"既是滨江城市，亦是海湾城市"的魅力展示，完全可以建设成与厦门、青岛、大连等城市相媲美的旅游城市。洞头、三垟湿地——大罗山、泽雅、中雁荡山等风景名胜区，以及瓯江两岸景观带、江心屿、七都生态岛、灵昆生态岛，都是发展城市旅游的重要资源。城市旅游与雁荡山、楠溪江两个国家级风景区要加快形成城乡互动融合发展的良好关系，打造具有国际影响力的旅游目的地，从而带动市域及浙南闽北旅游业整体发展。

2. 探路"独特气质的创新城市"

现代城市的竞争，最重要的是科技创新能力的竞争。需要强化问题导向、效果导向，从产业、金融、人才等重点领域入手，加快走出一条具有温州特色的科技创新驱动产业振兴之路。温州要扎实推进国家创新型城市、"科创中国"试点城市、国家自主创新示范区建设。首先，按照"一区一廊一会一室"创新链布局，加强制造业协同创新，全力打造产业链、创新链、资金链、政策链互相交织、相互支撑的创新生态。其次，高水平建设瓯江实验室，打造全国第一、世界一流的再生调控与眼脑健康科创平台。大力支持省部共建眼视光学和视觉科学国家重点实验室、交通安全应急信息技术国家工程实验室温州分实验室等。再次，实施大孵化器战略，打造省级以上科技企业孵化器、双创示范基地，大力培育新生代经济，营造创新创业的城市氛围。最后，创建"创意城市、设计之都"，结合产业发展需求，打造成区域性特色型创意城市。"湾区之城"能不能实现跨越式发展，就是"温州城"乃至温州市域能否实现转型发展的重要基础，要利用好温州湾这一天然的优美环境，利用湾区城市的独特魅力，吸引更多创新人才和青年人选择温州。

大学是科技创新与城市文化发展的重要中心，高水平大学已成为城市竞争力的重要支撑力量。关于大学对于城市转型发展的意义，美国的匹兹堡和底特律就是很好的例子，一个是"钢铁城市"，一个是"汽车城市"，匹兹堡依靠匹兹堡大学、卡内基梅隆大学等名校，经济转型成功，而底特律因为没有名校支持则成了反面的例子。近几年，深圳、苏州、青岛、福州、绍兴等城市都在积极推进高校的发展，也正是高校的发展促进了城市人才的集聚和产业的发展。近几年，广州大力度引入香港高校建设分校。2018年8月，浙江提出实施高等教育强省战略，明确温州是高等教育重点建设区域，要结合大湾区建设优先布局高校。温州高等教育有一定的基础，现有11所高校，但是，温州要加快推进城市转型发展，仅有温州医科大学、温州大学、温州理工学院等应用型大学是不够的，需要高水平研究型大学的引领。七都岛要建设未来科技岛，建议争取省里的支持，研究在七都岛东南部选址建设浙江大学温州分校。建议在瓯江口新区二期围垦区新规划一处大学城，安排一所研究型大学（建议引入长三角"985"知名大学来温办分校）和若干所特色职业教育型大学。总体上，高校布局要"小集中、大分散"，与城市有机融合。

3. 积淀"开放包容的人文城市"

文化是城市的精神特质和灵魂，是建设现代化区域中心城市不可或缺的重要内容。温州"千年商港"地位的形成，是特定历史环境的产物。温州商港始盛于北宋，崛起于南宋。纵观全球商业发展历史，一个重要商港的形成不但是由特定的地理环境决定的，更是社会经济文化相关要素长期累积的结果。历史上永嘉学派坚持"义利并举、农商并重",深化"温州学"研究,挖掘"永嘉学派"内涵。现代温州要赓续传统文脉,弘扬现代价值,树立文商并举理念,推动文商互动发展,把温州打造成文商并重的"东亚文化之都"。温州是国家级历史文化名城,有着深厚的文化底蕴,因而要加强历史文化名城保护,增强城市文化归属感,让城市记得住乡愁,如开展"千年古城"复兴计划,深入实施宋韵瓯风文化传世工程,做好文物保护、管理和利用。

此外,要广泛开展文化活动,提升城市文化品位,增强城市文化的凝聚力和感召力;实施"文化+"战略,推动文化产业发展,增强城市文化的活力和吸引力。体现以人为本的发展理念,建设老年、儿童、青年、投资商等友好社会,"人的一天、人的一生"幸福可感,让温州成为过日子的好地方。"温州人网络"把温州经济与中国经济、世界经济连接起来。开放的温州、国际化的温州,需要大力培育开放包容的城市文化。要借鉴深圳、杭州、苏州、东莞等城市的创业创新经验,融合本土文化,形成具有温州特质的开放包容的创新创业文化。

第四章　统筹推进温州"三江六岸"拥江发展

为顺应城市发展的客观规律，统筹推进"三江六岸"拥江发展，既体现中心城市的率先集聚发展，又体现都市区一体化、市域一体化及城市化发展区域协同的总体趋势，本课题提出了"战略引领、空间协同、交通先导、设施一体、产城融合、乡村振兴、改革驱动"等7个方面的相关策略和举措。

一、战略引领

城市是一个开放的复杂的巨大系统。对于城市发展的方向性、长远性、结构性问题，需要加强战略思维，遵循城市本质和发展规律，才能走在一条正确的发展道路上，才能实现城市的有效投资和有效增长。

（一）坚定战略方向

1. 锚定"东南沿海区域中心城市"发展目标

我们既要立足温州看温州，也要跳出温州看温州，要充分认识温州自身的区位价值，坚定"千年商港、幸福温州"城市发展定位，锚定"东南沿海区域中心城市"发展目标。过去，温州都市区"泛温州城"代替了"温州城"，形成概念上的误读，表现在"温州城"近期发展重点一直在"一江两岸"拥江发展和"环大罗山"发展之间摇摆；近期而言，实质上是"温州城"和"温州都市区"的关系需要坚定"温州城"优先"一江两岸"拥江发展，并将其作为加快"东南沿海区域中心城市"建设的战略选择，坚定战略方向，坚持战略引领。

2. 主动融入国家和省域战略

一个城市的发展，既要立足自身，又不能仅仅依靠自己。温州要明晰城市发展目标和发展路径，"一轴一带一区"空间格局和"三江六岸"拥江发展主动融入国家层面、省级层面的战略布局，主动对接国家宏观战略和省域重大项目布局，以获得更多的理解，并向上争取各方面更大的支持。应全省区域平衡发展、推进共同富裕示范区建设的要求，浙南地区必须加快发展，积极争取浙江省委、省政府在要素、政策等方面以更大的力度支持温州加快推进"三江六岸"拥江发展，构建"一轴一带一区"发展格局，以提升"全省第三极"功能。

3. 保持战略定力，坚定战略自信

在新旧动能的转化过程中，相比杭州、宁波，甚至福州、厦门等城市，温州落伍了，我们于是怀疑自己的区位地位和价值，温州作为浙江省三大中心城市的地位有着前所未有的危机感。由于受到强中心城市的人口虹吸和周边城市的腹地挤压，许多人产生了这样的悲观观点——作为一个地级市，"温州城"只能是局限于温州市域的中心城市，对承担更大地域的区域中心城市的战略自信减弱了。方向决定未来，思路决定出路，要始终坚持"千年商港 幸福温州"的战略定位，始终围绕"一轴一带一区"空间格局和"三江六岸"拥江发展的规划思路，保持战略定力，坚定战略自信。

（二）把握战略重点

在市级层面，一方面，要突出核心区域、重点区域的率先发展和重点发展，以点带面，以中心城市的发展带动区域的整体发展；另一方面，需要以"三江六岸"拥江发展为载体，从整体上牵总推进市域一体化、都市区一体化协调发展。

1. 凸显"瓯江新城"和"湾区之城"的战略地位

"三江六岸"拥江发展，瓯江、飞云江、鳌江是3条城市发展轴。对于"温州城"而言，围绕瓯江城市发展轴，实现"拥江面海"发展，"瓯江新城"和"湾区之城"必然是战略重点。"瓯江新城"和"湾区之城"要以"世界眼光、国际标准"建设世界级滨水区域，成为扩大双向开放、展现温州风采的"城市之窗"；要高水平构建区域重要创新高地和人才中心的平台支撑，成为引领转型发展的"创新之核"；要发挥好"一江两岸"山水资源禀赋和生态环境优势，建设人人向往的生态宜居的"幸福之家"；要彰显"商行天下"的独特优势，激发"港通未来"的巨大潜力，践行立足当前、着眼未来的"长远之举"。"瓯江新城"位于温州中心城区的核心地段——"中心的中心"，是建设"千年商港 幸福温州"的关键布局，是实现城市能级和中心城市首位度"双提升"的"重中之重"（见图16）。面向未来，"湾区之城"将是温州"是否能真正巩固提升区域中心城市地位，是否能真正成为'海上丝路重要节点城市'"的重要战略支点。"瓯江新城"重在城市功能的强化，强调的是城市功能开发的全面落地，其近期重点突出"滨江商务区"的核心地位，向东连接"湾区之城"，继续强化中心集聚；而"湾区之城"当前重点更多的是发展框架的构建，以及引领型项目的落地。

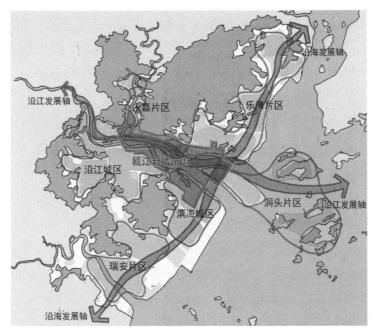

图16 "瓯江新城"在"温州都市区主中心"中的位置示意图

2. 同步推进市域及都市区一体化协调发展

中心城市的发展，从来都离不开其所在区域的支撑和联动。虽然温州的目标定位是"东南沿海区域中心城市"，将辐射比温州市域更大的区域范围，但是首要的区域支撑还是温州市域，温州都市区更是首要的联动区域。因此，我们认为要加快推进市域及都市区一体化发展，特别是都市区主中心一体化发展，形成空间布局更加合理、交通联系更加快捷、基础设施更加完善、公共服务更加齐备、产业体系更加优化、要素配置更加高效的一体化发展格局。中心城市率先发展带动市域及都市区范围副中心城市、城镇和乡村的发展，从而实现整体的一体化协调发展。推进都市区一体化协调发展，可以重点关注乐瓯洞一体化、温瑞平原一体化、龙平苍一体化，特别要聚焦瓯江两岸，强化市级层面牵总统筹作用，推进"空间规划一体化、交通设施一体化、市政设施一体化、公共设施一体化、生态环境一体化、产业发展一体化"等"六个一体化"。此外，瓯江新城建设可以作为"六个一体化"的先行区，着力重大规划、重大项目、重大招商、重大政策制定等方面系统推进。

（三）深化战略部署

市级层面的战略部署，既要有点上要抓的重点，又要有面上要抓的统筹，是一个矛盾的两个方面工作，"重点论"与"两点论"要做到兼顾，做到辩证思维，不可偏废；同样，县级层面和乡镇（街道）层面的战略部署也要结合各自实际，把点上要抓的重点和面上要抓的统筹统一起来。各个层级均形成有效的工作机制，上下联动、同频共振，形成推动温州发展的强大合力。

1.编制既令人期待又真正落地的规划

习近平总书记提出，"规划科学是最大的效益，规划失误是最大的浪费，规划折腾是最大的忌讳"。如果缺乏真正有前瞻性的、令人信服的科学规划，就难以真正做到"一张蓝图绘到底"。要高度重视规划引领作用和宣传发动作用，重塑市民对温州城市价值的认知和对温州发展的信心。要构建纵向到底、横向到边的规划编制体系，从"温州都市区"—"温州城"—"主城"、"湾区城"到"湾区城核心区"等3个层次，层层递进编制空间规划和产业规划。"瑞安城"和"龙鳌城"同样要编制好空间规划和产业规划。一个是空间规划，一个是产业规划，二者相辅相成，才能成就既有科学性又有可实施性的规划。信心就是黄金。温州的发展，需要重塑群体自信，要善于用规划的语言讲好温州未来的故事，形成"三江六岸"拥江发展的共识，凝聚推进发展的强大合力。

2. 提升项目谋划与推进能力

要进一步提升落实城市发展战略和重大项目谋划能力，涉及城市发展的重大问题能做到充分论证，科学决策。当前，温州正处在转型发展关键期，对于涉及温州城市发展方向性、结构性的重大问题，对温州发展起到纲举目张作用的一些重大项目，有必要进行一次梳理和评估，进一步明晰思路，精准发力。要以《温州市国民经济和社会发展第十四个五年规划和二〇三五年远景目标纲要》为依据，衔接各专项规划，进一步深化优化"三江六岸"拥江发展总体思路，明确规划实施路径和实施重点，列出项目清单。要从不同的城市空间层面，分层次进行"剥洋葱式"梳理项目清单，把握投资总量和投资节奏，真正做到有效投资，推动城市有机生长。项目安排既要突出"瓯江新城""湾区之城"的重点推进，也要兼顾都市区和市域一体化的整体协调发展要求，真正体现统筹推进；完善项目分级推进机制，形成市、县（市、区及功能区）和乡镇（街道）分层级既各有工作重点和工作着力点，又合力推进的工作机制。

3. 建立科学灵活的要素分配调剂机制

顺应市域及都市区一体化协调发展要求，探索建立市级统筹的新增建设用地计划指标分配机制，保障重大产业项目、跨县（市、区）基础设施和统筹布局公共服务设施项目等重点项目用地需求；探索建立城乡建设用地增减挂钩指标市级统筹机制，建立市域内调剂机制和市级调剂平台；落实"县域为主、市域共享、省内调剂、国家统筹"的补充耕地分级统筹制度，采取市域内指标统筹、调剂、借用等方式，保障市级重大基础设施、民生工程等项目及补充耕地资源匮乏地区的占补平衡。

二、空间协同

世界万物都是有机物，从哲学的角度来看，都有其发生、发展和死亡的过程，存在着哲学意义上的"生命"。自然，生长的现象贯穿"存在"的整个过程。城市是一个有机体，"罗马不是一天建成的"。一个城市的发展，需要顺应城市发展的自身规律和逻辑，从而实现有机生长。

（一）对温州城市化发展阶段的基本判断——"两课论"

1. "城市—区域"结构

多中心的城市—区域（Polycentric Urban Region）显示出21世纪城市化的真实性。2006年，彼得·霍尔（Peter Hall）和凯西·佩恩（Kathy Pain）出版的《多中心大都市：来自欧洲巨型城市区域的经验》指出，"全球城市—区域"是一种趋势，区域内部通过新的劳动分工紧密相连，在空间上呈现明显的多中心的地理结构，主要包括传统中央商务区、专门化的郊区中心及二、三级城市等，诸如欧洲有英国东南部、德国鲁尔、德国诺伊施塔特、法国巴黎、比利时中部、爱尔兰都柏林、瑞士北部等"全球城市—区域"。由于"全球城市—区域"仅关注位于世界城市等级顶端的发达国家的城市，所以有些学者提出意义更宽泛的"城市—区域"概念，以表述当今世界城市化进程中的新形态。根据爱德华·W. 索亚（Edward W. Soja）、魏也华等学者的研究，在全球化和信息化的"流动的空间"（Space of Flows）背景下，中心城市与其腹地区域紧密合作以应对全球化的挑战，从而形成一种独特的空间现象，即"城市—区域"（City-Region）。

2. 城市群不同的发展阶段

一般来说，城市群在发展的初始阶段，都是先发展中心城市，当中心城市发展到一定规模之后，才通过功能疏解和产业辐射等，带动周边的中小城市和小城镇的发展。根据中国城镇化发展水平的地区差异，显然在经济发达地区，也就是城市化水平较高的地方，需要更多地把重点放在城市群的发展上，充分发挥城市群内部大中小城市和小城镇协调发展的作用。这已经成为当前城市化发展的潮流。

3. 温州既要补"旧课"，又要上"新课"

温州处在需要2个方面并重的阶段，温州城市化发展既要补"旧课"，又要上"新课"，需要"两步并成一步走"。城市竞争如百舸争流，面对时代发展的要求，温州既要通过补"旧课"迎头赶上，即补上中心城市"双提升"的课；又要兼顾新时代区域发展的客观要求，"新课"不能落下，兼顾温州都市区和市域的协同发展，在区域竞争中才不会继续掉队。在一定意义上，中心城市"双提升"本身就是区域协同发展的基础和重要内容之一。

（二）都市区主中心即中心城市的"两步论"

《温州市国民经济和社会发展第十四个五年规划和二〇三五年远景目标纲要》已于 2021 年 2 月发布，《温州市国土空间总体规划（2021—2035）》也已完成。两个文件提出：温州市域的空间开发格局为"一主一副，两极多节点"，突出"一主"即都市区主中心的概念，范围涵盖温州市区、瑞安市区、乐清市区、永嘉县城等 76 个街镇，常住人口达到 573 万人（见图 17）。温州未来中心城区的空间结构也曾经过多次分析，提出"两主两副，两轴一廊"（"两主两副"即沿江主中心和滨海主中心、瑞安副中心、乐清副中心。"两轴一廊"即沿海发展轴、沿江发展轴和环大罗山科创走廊）的空间结构分析方案（见图 18）。

图 17　温州都市区主中心即中心城市规划范围图

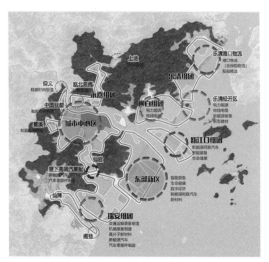

a) 方案之一

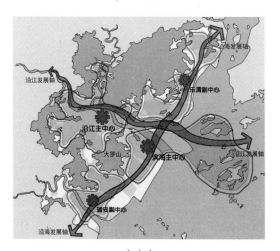

b) 方案之二

图18　温州都市区主中心即中心城市空间结构方案图

　　都市区主中心（即中心城市）规划范围大、立足长远是合理的也是必要的。在具体规划深化和实施的过程中，需要以

《温州市国土空间总体规划（2021—2035年）》为依据，遵循城市"有机生长"的逻辑，综合城市空间的紧密度、有限资源的合理配置等方面的要求，实施需要分"两步走"。为此，在都市区主中心各城市组团再强化面上的空间协同以同步推进都市一体发展的基础上，需要做到以下"两步"：第一步，温州市级层面要重点突出"瓯江之轴"对城市空间的引领作用，加快"一江两岸"拥江发展；第二步，在"一轴双城"中心城区空间集聚基本形成之后，向南带动"环大罗山"各城市组团的深度一体化发展，形成更大范围、更大规模的中心城区。

城市中心区布局对城市结构形态起到决定性的作用，这也是城市中心区规划布局的客观要求。以瓯江为轴，瓯江两岸的城市中心区布局向滨水区集聚，对应"双城"，整合形成"双心"。瓯江之轴串联"双心"，南北互通，东西贯穿，瓯江两岸形成优美的城市景观，也具备了强大的城市集聚辐射功能，成为城市与区域发展的发动机。瓯江口地区的柳白七里片与瓯江口新区、永强副城区一江之隔，虽南口、北口的江面宽度为2—2.5千米（自测），但也近在咫尺，各片区城市中心相互之间的空间距离9—10千米（自测）。柳白七里片经七都岛与主城地区斜对角相邻，七里、北白象、柳市离主城分别只有约12千米（自测）、15千米（自测）、16千米（自测），瓯江之轴把"双城"及其各组团有机地连为一个整体。而大罗山由于面积太大，环山道路长度在50千米（自测）以上，瑞安市区与温州的主城区和永强副城区的空间距离分别是26千米（自测）、24千米（自测），大罗山明显阻隔了各个城市组团的融合发展，难以实现紧凑发展并形成一个整体联系更为有机的中央活动区。可见，从城市空间布局与结构形态的视角出发，综合城市所在区域的地形地貌、空间距离等因素，为更好地体现"布局紧凑、功能集聚"的城市本质特征，要优先进行第一步"1＋3"布局即以瓯江为轴，形成"一江两岸，双城双心"的城市中心区。这是最为紧凑合理的结构选择，也是加快从滨江走向滨海从而成为"东南沿海区域中心城市"的必然要求（见图19）。

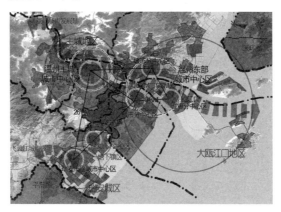

a) 城市中心、副中心空间距离分析图

b)"一江两岸"拥江发展空间形态分析图

图 19　中心城市"两步论"基础上的"第一步"
方案选择比选分析图

由于温州市域地理特征不利于城市功能组织和空间拓展，易导致区块发展参差和割裂，因此要实施"两步走"的同时突出"一轴"作用的策略。按照这样的实施策略，在第一步"一轴双城"的基础上，第二步进一步走向"1＋3＋1＋3"的空间结构。都市区主中心"1＋3＋1＋3"空间结构中，第一个"1"指拥江发展的主体城区，第一个"3"指乐盐组团、洞头组团、经开组团；第二个"1"指瑞安城区，第二个"3"指上塘、虹桥、塘下3个卫星城市组团，即相对外围的组团型发展的城区（见图20）。

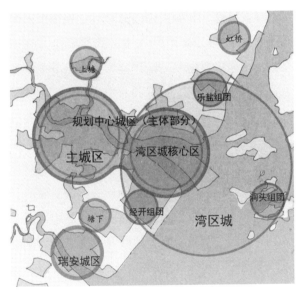

图20 都市区主中心"1+3+1+3"空间结构分析图

（三）"三江六岸"格局下的温州都市区空间结构再深化

《温州市国土空间总体规划（2021—2035年）》提出，市域未来空间开发格局为"一主一副，两极多节点"，其中，温州都市区的空间结构为"一主一副"。在这个基础上，与都市区主中心"两步走"相对应，"三江六岸"温州都市区"一主一副"空间结构近期可进一步深化为"1＋2＋5＋X"的城镇体系（见图21）。其中："1"指中心城市，即由"主城"和"湾区城"东西"双城"所构成的"温州城"，是规划人口500万—600万人的特大城市；"2"指"瑞安城"和组合型"龙鳌城"2个副中心城市，为规划人口80万—100万人的中等城市；"5"指上塘、虹桥、塘下、昆阳、灵溪5个小城市，规划人口20万—50万人；"X"是指金乡、钱库、马屿、陶山、藤桥等一批中心镇和一般小城镇。总体上，温州"三江六岸"都市区规划人口将在800万—1000万人。"三江六岸"拥江发展，回归城市的本质和城市"有机生长"的逻辑，以瓯江、飞云江、鳌江为轴，"温州城""瑞安城""龙鳌城"均加快拥江发展的步伐，并带动其周边小城市、小城镇共同发展，整体形成"三江六岸"拥江发展的温州都市区。

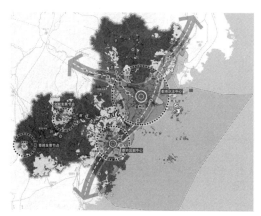

a) 市域国土空间"一主一副两极多节点"总体格局

图21 都市区在"一主一副"基础上的近期
"1+2+5+X"空间结构细化分析图

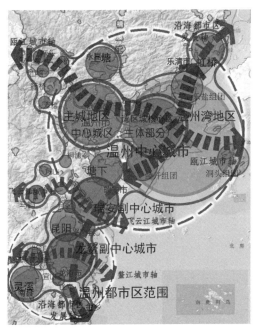

b) 都市区近期城镇体系分析图

图21　都市区在"一主一副"基础上的近期
"1+2+5+X"空间结构细化分析图（续）

（四）鳌江流域城镇群空间协同发展

鳌江流域城镇群涉及龙港市、平阳县、苍南县等一市两县。"一江两岸"组合型"龙鳌市"是温州都市区的副中心城市，重点发展现代化金融服务、港口物流、教育科研，打造地区生产性服务中心和先进制造业基地；南北两翼分别为平阳县城昆阳镇和苍南县城灵溪镇，是两县政治文化中心，同时也是两县重要的经济增长极和产业转型发展服务平台；另外，北侧有平阳县的万全镇、海西镇，向西有平阳县的萧江镇、麻步镇，南面有苍南县的藻溪镇，往东南更是有苍南县的宜山、望里、钱库、金乡、炎亭、大渔等6个镇，合计11个镇。由于涉及一市两县，要积极探索建立协调机制，温州市委、市政府需要成立市一级协调委员会，下设办公室，并建立联席会议制度，牵总推进鳌江流域城镇群一体化发展。要进一步加强对城镇职能的分工协作，牵头编制重大规划，协调跨县（市）的道路交通、市政基础设施、公共服务设施等涉及一体化发展的重大项目前期工作。

（五）以"瓯江新城"作为突破口引领空间协同发展

中央活动区（Central Activities Zone，CAZ）已成为全球城市发展新理念。"瓯江新城"从3.5平方千米的商务核心区（Central Business District，CBD）到45平方千米的滨江商务区，再到189平方千米的瓯江新城，形成CBD到CAZ的空间拓展，奠定了"1+3"组合型城市中心区的基本空间载体（见图22）。建设瓯江新城，要确立"世界名城"的目标追求，通过空间整合、产业导入和功能培育，努力打造具有国际影响力的复合型发展走廊，提升城市综合承载力，打造"一个别具魅力、充满活力的宜居宜业宜游的中央活动区"，从而实现城市能级和中心城市首位度双提升。

推进都市区一体化，需要突出"瓯江新城"的率先突破。要从"温州都市区""都市区主中心""瓯江新城"3个层面推进都市区一体化，既需要面上的统筹协同，更需要"瓯江新城"的重点突破。时序上自北向南推进，首先，结合"瓯江新城"建设，突出瓯江两岸一体化（包括乐瓯洞一体化）对提升中心城市能级的关键作用；其次，向南"环大罗山"一体化，都市区主中心一体化更加完善；最后，鳌江流域城镇群在不断

加强内部协同发展的基础上，远期也将纳入温州都市区一体化
发展。

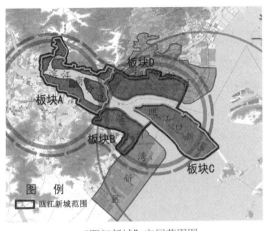

a) "瓯江新城"空间范围图

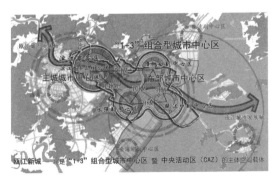

b) "瓯江新城"与"1+3"组合型城市中心区关系分析图

图22 "瓯江新城"空间分析图

三、交通先导

要发挥交通对"三江六岸"拥江发展和都市区一体化的
先导作用。要进一步优化内外交通规划，统筹协调好各类交通

工程建设，由于交通工程投资巨大，有限的建设资金更需优先投到能发挥最佳综合效益的交通项目上。

（一）加密过江通道

北口大桥已于 2022 年 5 月 27 日通车，是瓯江两岸一体化和乐瓯洞一体化的一件大事（见图 23）。随着瓯江过江通道建设力度的逐步加大，温州过江通道已经能够满足跨江发展的基本条件。要推进"三江六岸"拥江发展，首先要继续加密过江通道。经分析，主城向北（往瓯北片）规划需增建 3 条通道，主城区向东北（过七都往柳白片）规划需增建 2 条通道，湾区城核心区需新增规划建设 8 条通道，共计 13 条，而近期有建设需求的过江通道包括府东路过江通道、环城东路过江通道（隧道）、七都二桥、七都四桥、灵昆北汊桥、柳白至灵昆过江隧道共 6 条，可根据前期进展情况选择其中有实施条件的先行实施（见图 24）。七都二桥和府东路过江隧道已经进入项目前期，七都二桥已于 2023 年 6 月底开工。同时，由于北口大桥对于柳白片与灵昆、永强的联系还是偏东，从三岸加强融合的角度，柳白至灵昆过江隧道要加快开启桥隧比选，并开展项目前期研究。灵昆北汊桥与沿海高铁是合建还是分建要加快研究，因为大桥是沿海高铁的制约性工程，需要提前开展预工可研究。七都四桥可能涉及地铁控制线，也同样可以进行局部的技术对接，在土地利用控制和工程衔接空间预留等方面进行明确，争取七都四桥能先进入项目前期，早日开工建设。现已建成的瓯江上的大桥，基本上都没有慢行交通，已经启动七都大桥、瓯越大桥增设慢行系统项目前期。对于新建的过江通道、慢行系统问题都需要认真研究。

图 23　瓯江北口大桥

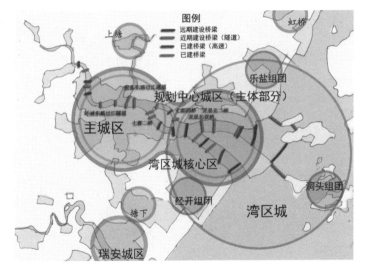

图 24　瓯江过江通道规划示意图

（二）完善内外综合交通体系

1.“连接世界、通达全国”的对外交通体系

机场、港口、高铁、高速公路等对外交通形式共同构建现代化立体式对外交通体系。更大力度推进“空中丝绸之路”建设，推进龙湾国际机场扩能提升，努力打造全国重要的区域

性枢纽机场。调整优化港区功能，着力构建乐清湾综合港区和状元岙、大小门岛特色港区的空间布局。加快推进乐清湾港区C区等工程项目，多向发力港口多式联运，全力打造辐射东南沿海的重要枢纽港口。加快构建以温州为枢纽、多向辐射的高铁通道布局。进一步加快杭温高铁和温州北站的建设。加快谋划沿海高铁、温福高铁、龙丽温铁路项目前期，以温州东站联动温州机场的东部枢纽，需要联动片区开发建设加快项目前期。

2．"纲举目张、联系组团"的内部道路交通骨架体系

高速公路网对外是区域联系的快速通道，并承担市域交通骨架系统的职能；同时，高速公路还是都市区第一层次路网框架，现有的高速公路网还可根据建设条件和需求进行加密。从联系各城市组团的功能来看，高速公路并没有改造为城市快速路的必要，有条件的地段可以增加出入的立交口以连接城市道路。

都市区第二层次骨架路网是干线公路和城市快速路网，按照"城区市政化，郊区公路化"进行建设，既是各个城市、城市组团和小城镇的连接通道，也是各城市、城市组团内部的骨架道路（见图25）。我们现在存在快速路一味高架的导向，需要进行技术上的研讨，这里建议一些路段的骨架路网降低标准，可以实行"准快速路"。因为，一方面，可以避免高架道路对城市造成分割，还可以为轨道交通建设留出廊道——在空间廊道上不能影响轨道交通线网的未来建设，不然对城市发展反而是得不偿失；另一方面，可以减少建设资金投入，都市区主中心提出了"七横七纵"的近期建设计划，"十四五"期间预计总投资在1000亿元以上，实际上并不能落实这么大资金

额，并不能真正做到"谋一事成一事"。

a) 温州市域综合交通规划图

b) 温州都市区快速路网络规划图

图 25 温州市域及都市区道路交通骨架
体系规划分析图

（三）突出轨道交通的主导地位

温州要建设成为现代化大城市并推进都市区一体化，必须发挥轨道交通在内部综合交通体系中的主导地位。温州轨道交通建设起步于 2010 年，已经建成市域铁路 S1 线和市域铁路 S2 线。温州城市轨道交通线网规划采取"都市快线 S 线＋城市普线 M 线"2 个层次的轨道交通模式，并且建设时序上"由外而内"，首创市域铁路制式先行建设都市快线 S 线。

温州轨道交通的进一步发展，既有目标导向，也有问题导向。一方面，要充分利用轨道交通技术发展优化线网规划，可以不再区分"都市快线 S 线＋城市普线 M 线"2 个层次，随着地铁行车速度的提升，温州都市区和中心城市地段 2 个层次的轨道线网可以融合为一个层次的线网。由于轨道交通建设综合效益的发挥需要客流支撑，轨道交通必须遵从"由内而外"的发展规律，逐步形成都市区一体化的轨道交通网（见图 26）。另一方面，现有的轨道交通线网规划对瓯江两岸的联系考虑还不充分，要充分考虑发挥轨道交通对城市拥江发展的关键性作用，由主城和湾区城核心区组成的"一江两岸"主体城区轨道交通线网要加密，充分发挥轨道交通在城市公共交通系统中的主导地位，从而真正成为"轨道上的城市"。

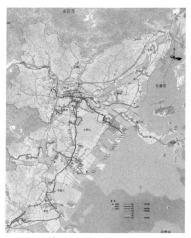
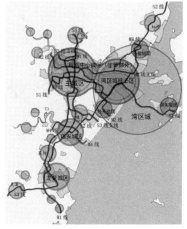

a) 温州都市区轨道交通线网规划
方案图

b) 温州都市区轨道交通线网优化建议
示意图

图 26 加快"三江六岸"都市区一体化轨道交通线网优化建议示意图

四、设施一体

以市政设施互联互保、公共设施共建共享推进设施一体化发展，加快推进"一轴一带一区"城乡空间格局和"三江六岸"拥江发展的一体化进程。

（一）市政设施互联互保

重点统筹"温州城"中心城区范围内的供水、供电、供气、通信、环卫等重大基础设施骨干网络，形成多层次、网络型、系统化布局。一是强化水资源安全保障，统筹水资源供需平衡，实现多水源互联互通互备，保护提升中小型水库，并将其作为水源的补充和备用，缓解不同地区水供需不平衡的矛盾。二是构建以华东电网和地方电厂为主要电源，辅以风能、太阳能等新能源共存的用电格局。三是规划完善西部高压燃气管道，形成多气源互补、环网＋支状辐射的供气格局。四是建立污水处理设施联保机制，采用"厂厂互联""厂网互联""网网互联"的互联互保方式，解决污水负荷"饥饱不均"等问题，平衡污水处理厂之间的水量调度。五是提升固废集中处理标准和能力，优化完善环卫设施布局，划分跨县（市、区）联保区并建立统一调度的城市垃圾处理应急联动机制，实现资源共享，增强固废应急处置能力，建设"无废城市"。六是统筹布局5G网络、光网城市、云计算中心等新一代信息基础设施，推进"双千兆"网络基础设施建设。

（二）公共设施共建共享

打破按照行政区划界线进行公共设施布局的模式，逐步转向以城市的空间结构、服务半径、人口分布等因素为依据进行布局。统筹重大公共服务设施布局，强化公共服务优质均衡。加大重大公共设施谋划布局，注重跨区域设施共享，鼓励有条件地区设施共建共享。要结合城市各级中心布局，形成"城市中心区—城市副中心区—片区中心—社区中心"四级公共中心体系。基础教育方面，进一步完善集团化办学机制，探索建立跨县市区学校集团化办学或组建办学联盟，增强优质教育集群效应；加快城乡义务教育共同体建设，推进城区学校与镇区、乡村学校结对共建全覆盖。统筹布局医疗卫生和健康养老等重大设施，强化公共卫生应急能力，建设浙南医学中心。探索市级高等级医院与相对薄弱的县级医院建立医联体，提升整体医疗水平，加快推进市级综合医院在永嘉瓯北、乐清柳白片区落地。瓯江新城"1＋3"结构的城市活动区建设，是公共设施共建共享的重点区域，因此要率先实现公共设施一体化发展要求。

五、产城融合

（一）"一轴一带一区"空间格局下的产业布局

"一轴一带一区"城市发展空间格局（这里指温州市域，是广域市的概念）的表述，体现了市域范围的产业空间总体格局。

"一轴"是"温州城"的城市发展轴，因此要大力发展包括生活性服务业和生产性服务业在内的现代服务业，加快形成高端服务集聚带、旅游休闲集聚带、数字产业集聚带等3条产业集聚发展带，打造区域中心城市的现代服务业集聚区，形成城市活动区，从而成为区域经济发展的发动机，以引领区域经济转型升级。除了"瓯江"，"飞云江""鳌江"也分别是"瑞安城""龙鳌城"的城市发展轴，所以要加快形成现代服务业发展轴，并承载城市副中心的城市职能。

"一带"是沿海产业带，是支撑温州都市区发展的产业基础，旨在全力打造在全球有竞争力的先进制造业基地，是产业振兴的主阵地。沿海产业带以开发区（园区）为单位进行整合，构建产业平台，优化产业布局（见图27）。通过税收制度优化和大招商机制探索，积极引导产业梯度转移。以千亿元产值为基本门槛，结合温州市实际和亩均产值、亩均税收等细项指标，打造高能级战略平台，并充分发挥高能级平台在承载重大战略和打造世界级产业集群中的强大支撑作用。

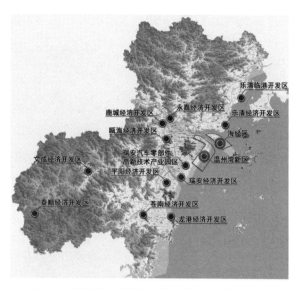

图27　温州都市区及市域制造业布局示意图

　　"一区"是现代农业的主要空间载体，因而要积极谋划并推进现代农业产业区、农业科技园区、特色农业产业园、田园综合体等乡村产业平台建设。深化"三位一体"改革，加快三产融合、产村融合，做优做强农家乐民宿，壮大电子商务、养生养老、文化创意、运动健康、乡村旅游等业态。

（二）以产城融合助力城市有机生长

　　既要突出产业平台建设的基础性作用，又要实现从单一性"工业基地"到综合性"产业新城"的建设思路转变，这是城市新区拓展的主要路径。必须把产业平台建设与所在城市、城镇的关系进行梳理，并结合国土空间规划，在空间上、土地要素配置上进行空间验证，保证产业平台建设落地。产业基地要纳入城市和城市组团进行整体谋划、相互配套，形成产城融合。发挥平台建设的基础作用，以产城融合发展带动各个城市（城市组团）及小城镇的人口集聚和有机生长。

（三）打造"湾区城"产城融合样板区

温州湾地区，总体上城市化滞后于工业化，还未能形成工业化和城市化"双轮驱动"，永强片区、瓯江口新区在产城融合方面近几年有了很大的推进，但市民对"过了茅竹岭还不是城区"的心理认知至今没有得到根本性改变。"湾区城"未来的成败就在于是否实现产城融合。"湾区城"整体上要按照产城融合模式推进城市发展。"湾区城"是数字经济、智能装备、生命健康、新能源智能网联汽车、新材料五大战略性新兴产业"谋篇布局"的主阵地，在该区域培育战略性新兴产业成功与否，将直接影响到整个温州市域及更大的辐射区域的发展。温州的港口发展不快，临港产业培育速度慢，其中一个关键的原因就是港口离主城太远，加快"湾区城"建设，实现港城融合，必将大大促进港口发展。"湾区城"要集聚 250 万—300 万人口，需要多元化产业及拳头性产业的发展，总体上要按照"提升传统支柱工业、培育新兴战略性产业和海洋产业、拓展现代服务业、挖潜旅游休闲业、夯实都市农业和现代渔业"的思路，加快形成现代城市产业体系特别是海洋产业体系。瓯江口新区、温州湾新区、柳白现代电气产业城、乐清开发区都位于"湾区城"范围。"湾区城"有着良好的平台基础和产业基础，是温州产业发展的主平台、主阵地，因此要研究产业平台与城市发展的关系，平衡好产业用地和其他城市功能用地的整体关系（见图 28）。

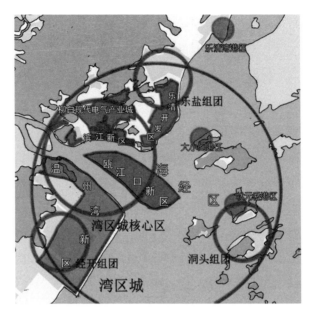

图 28　温州都市区产业布局示意图

六、乡村振兴

城市和乡村是生命共同体，市域一体化是必然的要求，"一区"是"三江六岸"拥江发展的中心城市和都市区的大屏障，也是乡村振兴的主阵地。

（一）县城依然是市域一体化的重要节点

县城是统筹新型城镇化与乡村振兴的战略支点，在县域城乡融合发展中发挥着枢纽作用和统领作用，是城乡融合的重要切入点。县城既是驱动县域经济发展的增长极，也是县域的综合服务中心和治理控制中心。按照中共中央办公厅、国务院办公厅印发的《关于推进以县城为重要载体的城镇化建设的意见》，龙港市、洞头北岙等都可以纳入该文件适用范围。按照文件要求，要科学把握功能定位，分类引导县城发展方向。对照加快发展大城市周边县城、积极培育专业功能县城、合理发展农产品主产区县城、有序发展重点生态功能区县城、引导人口流失县城转型发展等五大分类指导策略，坚持"一县一策"，以县城为主，兼顾县级市城区和非县级政府驻地特大镇，科学编制和完善建设方案，按照"缺什么补什么"原则，明确建设重点、保障措施、组织实施方式，精准补齐短板弱项，防止盲目重复建设。

要落实好以县城为重要载体的城镇化建设文件精神，充分利用政策所带来的发展机会。洞头北岙、永嘉上塘、乐清乐成、瑞安城关可以借此加快发展，主动融入都市区主中心发展；龙港市、平阳昆阳、苍南灵溪可以借此加快推进并主动融入鳌江流域的协调发展。因此，不要把以县城为重要载体的城镇化与都市区一体化发展对立起来，以县城为重要载体的城镇化，也是推进市域一体化发展的重要一环。

（二）温州版"乡村振兴"——未来乡村

2021年，温州市率浙江省之先谋划启动未来乡村建设。经过一年的探索，未来乡村建设作为一项推进"乡村振兴"、促进农民农村"共同富裕"的重要工作，得到了浙江省级层面的充分肯定，并在全省推广。

我们认为，要按照"一轴一带一区"城乡发展格局和"三江六岸"拥江发展总体布局，对县城之外的所有城镇和村庄进行布局规划。对于"温州城""瑞安城""龙鳌城"及县城规划城区范围的城中村，其"乡村振兴"的重要内容就是要融入城市发展。除城中村之外的所有村庄，可以分发展型村庄、限制型村庄、搬迁型村庄等 3 个类型进行分类指导。城镇规划镇区内的村庄即镇中村，一般情况可以划为发展型村庄。实际上会有更多的不同情况，需要进一步细化分类指导，因此要片区化、组团式整体谋划村庄规划，使城乡风貌整体优化。未来乡村布局规划要充分结合"三江"各自流域特点，与流域经济的发展有机结合起来。城乡的融合不是说城乡的界限模糊或不存在了，对于县域而言，是构建"县城—城镇—村庄"城乡结构和"三边三线"空间管控十分清晰的城乡总体发展格局。

未来乡村是美丽经济、生态宜居、文化风貌、四治融合、幸福生活"五位一体"建设，打造乡里人的美好家园、城里人的向往乐园。未来乡村的核心内容是"五化十场景"：人本化、生态化、数字化、产业化、系统化和未来邻里、教育、健康、文化、低碳、生产、建筑、交通、智慧、治理。具体方法：以深化农业供给侧结构性改革为主线，全力推进乡村产业高质高效发展；强化粮食和重要农产品有效供给，大力推进现代种植业发展，实行最严格的耕地保护制度，全力做强乡村产业平台，全面实施品牌兴农战略；聚焦乡村新产业新业态新模式，谋划乡村未来产业，推动传统乡村产业与新兴产业、数字经济融合发展。

七、改革驱动

（一）深化数字化改革

要继续依靠改革激发动力，以机制体制创造活力。深化数字化改革，通过数字赋能提升决策和推进发展的能力。面对行政区划分割的客观实际，加强统筹协调，加快协同推进"三江六岸"拥江发展。要充分利用"城市大脑"这一数字平台，针对"三江六岸"拥江发展温州都市区、"一江两岸"拥江发展"温州城"、鳌江流域城镇群及"龙鳌城"，可以各按照一定的范围构建数字城市、数字都市区、数字城镇群，通过数字化改革破解行政壁垒，助推"一体化"发展，并准确分析判断各方面发展情况，通过数字赋能提升科学决策和协调推进的水平和能力。

（二）开展市区行政区划调整前期研究

行政区划调整是一项投入少、见效快的重大改革，要从国家治理现代化的战略高度，推动行政区划优化设置向纵深发展。行政区划调整，不仅是空间维度的布局调整，也是体制维度的结构性优化。按照《温州市国土空间总体规划（2021—2035 年）》，远期乐清、永嘉、瑞安都需要按照"一主"的总体发展要求进行"撤县（市）改区"。对应都市区主中心规划实施的"两步论"，行政区划也建议按照"两步论"实施。第一步，乐清、永嘉改区；第二步，进一步研究瑞安改区。温州市区行政区划调整不仅仅只是"拓展"，还应包括"整合""重构"等方面的内容。按照《关于加强和改进行政区划工作的意见》精神，提前开展温州市区行政区划战略性、系统性、前瞻性研究，按照总体稳慎有序推进的要求，做到谋深谋细，不能操之过急，匆忙上阵。强化宣传引导，营造良好的社会舆论氛围，真正做到"谋定而后动"（见图 29）。

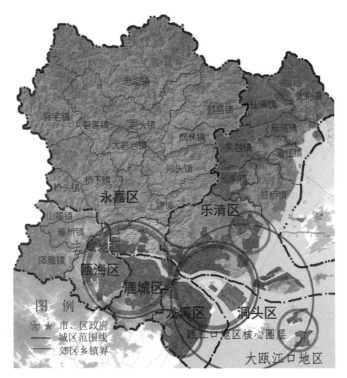

图 29　温州市区行政区划调整（第一步）建议方案示意图

　　在市区行政区划调整之前，探索建立一体化发展协调机构。建议成立"三江六岸"拥江发展领导小组，设立拥江发展都市区主中心暨"温州城"、鳌江流域城镇群暨"龙鳌城"两个协调委员会并建立联席会议制度。领导小组和两个协调委员会统一下设办公室，作为具体的办事机构。

（三）营造鼓励创业创新的营商环境

　　营商环境是指市场主体在准入、生产经营、退出等过程中涉及的政务环境、市场环境、法治环境、人文环境等有关外部因素和条件的总和。营商环境是重要的发展基础，也是投资者首要关注的问题，已成为评价一个地区核心竞争力和可持续发展能力的最重要指标之一。大力构建"鼓励试错"和"宽容失败"的包容性制度的文化环境，制定水平型与垂直型相结合的创新政策，建立覆盖技术创新全链条及关键节点的产业升级转型政策体系。要结合"两个健康"先行区创建大胆推进改革，为民营经济转型发展注入新的发展动力。要结合"两个健康"先行区大力推进营商环境建设，发挥营商环境对招商引资和招才引智的推动作用，为经济转型发展注入新的发展动力。招商引资和招才引智应该是一个互融互促的关系，招商引资和招才引智相结合，才能推动空间、人口、产业的集聚发展。

参考文献

［1］徐远．城市的本质：有机生命体［J］.产城，2020（3）：83.

［2］刘小涛．牢记嘱托续写创新史 勇担使命走好共富路 为争创社会主义现代化先行市而努力奋斗：在中国共产党温州市第十三次代表大会上的报告［N］.温州日报，2022-03-08（2）.

［3］童宗煌 温州城市"拥江发展"的战略性和现实性思考［J］.汕头大学学报（自然科学版），2020，35（4）：69-80.

［4］全国城市规划执业制度管理委员会．城市规划原理［M］.北京：中国计划出版社，2011.

［5］郑銮娟．潮州城市跨江发展研究［J］.城市学刊，2017，38（5）：66-72.

［6］杭州城研中心．应对城市收缩：再中心化是城市瘦身强体的良药？［EB/OL］.［2018-04-23］.https：//chuansongme.com/n/2920704052022.

［7］童宗煌."一轴双城"之温州城市空间规划逻辑［J］.吉林建筑大学学报，2020，37（5）：65-72.

［8］郭宝华，李丽萍.区域中心城市机理解析［J］.重庆工商大学学报（西部论坛），2017（2）：35-38.

［9］王国平.城市论（上中下）［M］.北京：人民出版社，2009.

［10］温州市人民政府.关于印发温州市制造业高质量发展"十四五"规划等3个规划的通知［EB/OL］.（2021-12-09）［2022-12-20］.http：//www.wenzhou.gov.cn/art/2021/12/9/art_1229116916_1933757.htm.

［11］宁波工程学院象山研究院.国内外湾区经济发展战略研究与启示［EB/OL］.［2016-12-20］.http：//xsyjy.nbut.edu.cn/info/2011/2828.htm.

［12］温州市人民政府办公室.温州市人民政府关于印发温州市重大建设项目"十四五"规划等6个重点专项规划的通知［EB/OL］.（2021-12-02）［2022-12-20］.http：//www.wenzhou.gov.cn/art/2021/12/2/art_1229116916_1911486.html.

［13］温州市人民政府办公室.温州市人民政府关于打造千万级常住人口城市的若干意见［EB/OL］.（2020-09-24）［2022-12-20］.http：//www.wenzhou.gov.cn/art/2020/9/24/art_1229117830_1545067.html.

［14］李晓江.城市发展的新体制和新规划［EB/OL］.［2019-12-10］.http：//wemedia.ifeng.com/92347863/wemedia.shtml.

［15］杭州国际城市学研究中心."抢人大战"的

大城市时代，三、四线城市如何从"硝烟"中突围［EB/OL］.［2019-03-04］. http：//www.urbanchina.org/content/content_7155788.html.

［16］李忠.大湾区：世界级城市群城市更新的挑战与机遇［R］.佛山、广州：中国城市更新论坛，2019.

［17］张振丰.政府工作报告 2022年4月9日在温州市第十四届人民代表大会第一次会议上［N］.温州日报，2022-04-15（1）.

［18］中共浙江省委办公厅.中共浙江省委 浙江省人民政府关于全面实施高等教育强省战略的意见［EB/OL］.（2018-08-09）.［2018-04-23］. http：//zjnews.zjol.com.cn/zjnews/zjxw/201901/t20190122_9311097.shtml.

［19］袁家军.忠实践行"八八战略" 坚决做到"两个维护" 在高质量发展中奋力推进中国特色社会主义共同富裕先行和省域现代化先行：在中国共产党浙江省第十五次代表大会上的报告［N］.浙江日报，2022-06-27（1）.

［20］丁志伟.城市—区域系统综合发展的理论与实践［M］.北京：中国经济出版社，2017.

［21］张婷麟，孙斌栋.美国城市化的新趋势及对中国新型城镇化的启示［J］.城市发展研究，2018，25（6）：17-22.

［22］李铁.中心城市和城市群发展中的五大问题［EB/OL］.（2019-11-13）.［2019-12-03］. https：//new.qq.com/omn/20191113/ 20191113A0FDE100.html.

［23］陈海燕，贾倍思.紧凑还是分散？：对中国城市在加速城市化进程中发展方向的思考［J］.城市规划，2006（5）：

61–69.

　［24］陆铭. 大国大城：当代中国的统一、发展与平衡
［M］. 上海：上海人民出版社，2016.

　［25］童宗煌. 关于温州主城地区城市综合交通骨架系统
的思考［J］. 建筑与文化，2017（11）：47–49.

　［26］童宗煌. 关于温州轨道交通建设思路的几点思考
［J］. 杭州师范大学学报（自然科学版），2020，19（S）：
39–42.

　［27］叶一剑. 国家级新区到了一个新的发展临界点
［J］. 中国房地产，2019（2）：65–67.

　［28］童宗煌. 面向未来之"温州瓯江新区"再谋划
［J］. 城市学刊，2020，41（3）：8–13.

　［29］童宗煌. 谋定而后动：再论温州中心城市行政区
划调整［J］. 城市学刊，2019，40（1）：101–108.

　［30］中共温州市委、温州市人民政府. 中共温州市
委　温州市人民政府关于创建新时代"两个健康"先行区加
快民营经济高质量发展的实施意见［EB/OL］.［2019–03–25］.
http：//hqjt.wzu.edu.cn/info/ 1013/6391.htm.

附录一　拥江发展城市案例

许多时候，河流就是一个城市的代名词，是一座城市的魂魄。但凡有"江"的城市，无一例外都会将"江"作为城市发展、城市有机更新的原动力，依水而建、顺水而兴，从滨江到跨江开发、从跨江到拥江发展。拥江发展是国内外大城市的发展规律，上海浦西、浦东的齐头并进，杭州主城和萧山的携手发展，武汉汉口、汉阳、武昌的三足鼎立，都是很好的例子。

（一）上海

1990 年 4 月 18 日，中共中央、国务院正式宣布同意上海市加快浦东地区的开发，在浦东实行经济技术开发区和某些经济特区的政策。当时，经济全球化进程加快，国际形势风云变幻，国内改革风起云涌。紧邻繁华外滩的浦东，却还是一片阡陌农田，蕴藏着巨大的发展潜力。

黄浦江是上海的母亲河，黄浦江两岸地区是上海现代化国际大都市的"主动脉"。通过黄浦江两岸拥江的综合开发，吴淞口至闵浦二桥之间长约 61 千米的黄浦江两岸流域的规划控制面积约 144 平方千米，涉及浦东新区、宝山区、杨浦区、虹口区、黄浦区、徐汇区、闵行区、奉贤区等 8 个区的滨江区域。黄埔江两岸地区以建设卓越的全球城市、"四个中心"以及具有全球影响力的科技创新中心的大格局为目标，着力增强城市功能和发展能级，坚持生活、生产、生态高度统一，打造成上海建设全球城市的一张靓丽名片（见图附录–1）。

图附录–1　上海黄浦江两岸景观

1. 要把黄浦江两岸地区建设成为世界一流滨水区域

纵观历史，从 20 世纪 20 年代到 90 年代，黄浦江发展轴在上海历次城市总体规划中都有着重要的地位。黄浦江记载着上海的沧桑变迁，引领时代的发展风潮。黄浦江两岸地区积淀了厚重的文化底蕴，培育了独特的海派文化，荟萃了城市的亮点和精华。到"十二五"期末，黄浦江两岸地区的产业结构已经从以生产功能为主，向现代服务业发生了转变，金融、航运、旅游、文化、商务商贸等业态也加快了脚步向沿江集聚，渐成规模。

　　黄浦江两岸作为上海城市的"主动脉"，"拥江发展"的脚步从未停止。2016 年 11 月，上海出台《黄浦江两岸地区发展"十三五"规划》，要把黄浦江两岸地区建设成为世界一流滨水区域。到 2020 年，黄浦江两岸地区不仅要新增滨江绿地和公共空间约 350 万平方米，还要新建和改造一批公交枢纽、码头、泵闸、防汛墙、环卫等市政基础设施（图附录 –2）。

图附录 –2　上海黄浦江两岸游憩空间

　　2. 大事件对黄浦江两岸提升发展的推进

　　2010 年，上海世界博览会（简称"世博会"）成功举办。

世博园规划成为提升城市功能的物质空间载体，世博会的成功举办大大促进了上海金融、文化、创意、旅游、会展等现代服务业的国际性聚集和全方位提升，实现了黄浦江两岸的一体化发展。世博会规划同步开展了世博展区后续利用规划，从城市整体发展谋划了展区后续发展愿景。世博会精心打造的"一轴四馆"得以永久保留。如今，世博轴、世博中心、世博主题馆、世博文化中心和中国国家馆（现已更名为"中华艺术宫"）已全面启用。浦西的"城市最佳实践区"不仅是世博会的创新展示区，也将成为一处充满魅力与活力的城市街区。世博会期间改造成"城市未来馆"的南市发电厂，已成功转型为"当代艺术馆"，与著名的江南造船厂等珍贵工业遗产交相辉映。这些空间设施极大地改善了上海国际文化交流环境，成为城市功能提升与转型的有力支撑。

（二）杭州

2001—2008 年加速阶段，《杭州市城市总体规划（2001—2020 年）》提出了"城市东扩、旅游西进、沿江开发、跨江发展"的空间策略，并在 2002 年杭州市第九次党代会上明确推进，杭州就此从"西湖时代"迈向"钱塘江时代"。这段时期，跨江联系通道逐步完善，各大新功能板块重塑城市功能空间框架，逐步勾勒出 21 世纪"钱塘江时代"的杭州大都市轮廓。

钱塘江杭州段主线是杭州经济发展的重要轴带。自跨江战略提出以来，杭州虽致力于大幅提升杭州城市竞争力和影响力、实现全国品质城市标杆的目标、树立大气开放的国际都市形象，但都市空间格局依然存在城市南北差距扩大、江南城整体性不足、中心纽带功能不突出、打造钱塘江"世界名江"的机会不断减少、多中心开放式城市格局尚未形成、单中心化的结构性风险等问题。为破解现实困境，杭州从原本的"跨江"发展走向以钱塘江为主轴，两岸双向、共同的"拥江发展"，这也是杭州建设独特韵味、别样精彩世界名城的重要抓手（图附录-3）。

图附录-3　杭州钱塘江两岸景观

2018年11月，杭州举办"钱江论潮——H20国际拥江发展城市大会"。海内外河流文化研究相关学者，以及来自全球20个城市的代表齐聚钱塘江畔，围绕"河流—城市文明传承之脉"主题，展开拥江发展方面的思考交流，探索全球宜业、宜居、宜游生态型现代城市的建设路径。

在浙江大湾区建设的进程中，杭州的目标是建成创新能力卓越、产业层级高端、交通网络发达、基础设施完善、生态环境优美的世界一流湾区城市，并具有极强辐射力、影响力、带动力。而"拥江发展"作为新一轮的城市发展重大战略，将有效助推杭州大都市区、都市圈建设，进一步提升杭州在长三角城市群中的战略地位，充分彰显杭州在数字经济、创新创业、历史人文、生态文明等方面的优势。杭州城区的变化是从跨江到拥江的快速发展，"一江一城一产"成就了今日的杭州。

（三）武汉

长江带着它最大的支流汉江，横贯武汉境内，把中心城区一分为三，形成武昌、汉口、汉阳三镇隔江鼎立的格局。

要说武汉的"拥江发展"，可以追溯到乾隆年间。武汉有名可考的最早的码头，是1736年在汉江上修建的汉口天宝巷码头，在那个时候，码头停泊木船的最大吨位就已经达到了900吨。而在这之前，武汉早就因为横跨东西的长江和连通南北的汉水，成为重要的交通枢纽和战略要地。

长江是武汉最重要的身份象征，然而过去长江及其支流汉江如同天堑，将武汉分隔为汉口、武昌和汉阳，形成三城三镇的独特城市意象。长江文明对于武汉历史支撑来说具有重要的意义，也为武汉建设国家中心城市，实现大武汉现代化、国际化、生态化提供了重要支撑。武汉通过对长江及其支流汉江拥江的"两江四岸"核心区（纵跨武汉3个镇8个行政区，涵盖9个滨江重点功能片区）综合开发，重新梳理了"人—水—城"的关系，逐渐进入由背水发展走向面水发展。此外，武汉重点围绕主城区长江段，集中展示长江文化、生态特色、发展成就和城市文明，打造成世界级城市中轴文明景观带，形成"1+1+1>3"的社会经济效益。"两江四岸"拥江发展打破了武汉现状分散的中心体系格局，为武汉打造世界级滨水城市、长江经济带生态文明示范区、国际文化旅游目的地，进一步提升城市能级和核心竞争力提供了强力支撑（见图附录-4）。

图附录-4 武汉长江沿岸景观

以上3个城市是滨江城市，温州从滨江城市走向湾区城市，可以参考厦门、青岛等闻名遐迩的湾区城市，它们良好的滨海城市形象成就了城市品牌，可以为温州发展提供经验借鉴。

附录二　成果应用

（1）童宗煌等：《温州政研》（《决策参考》）2022年第3期《补齐拥江发展的重要拼图——关于加快推动柳白片区纳入中心城区发展的对策建议》，获得市里主要领导批示肯定，相关提法与成果被纳入市第十三次党代会报告和2022年市政府工作报告。

（2）童宗煌等：《温州政研》（《决策参考》）2022年第14期《关于加快建设瓯江新城的思考与建议》，获得市主要领导批示肯定，相关提法与成果被纳入2022年市政府工作报告，并获2022年度温州优秀调研成果一等奖。

（3）童宗煌：《关于推进温州都市区一体化发展的建言》，作为专家建言被纳入《温州政研》（《咨询建言》）2022年第23期，获得市主要领导批示肯定。

（4）童宗煌：在本研究基础上形成的建言得到市政府的采纳，推动了政府相关重大决策的落地，推进了瓯江新城和都市一体化的实施。对于瓯江新城建设推进情况，一年之后开展建设评估，形成专报《打造三个"一号工程"试验区 推动区域高质量发展——关于瓯江新城建设的评估报告》，获得市主要领导批示肯定。

附录二

成果应用